健康源于管理

源于管理

——蜜蜂产品与人类健康

蔡昭龙　主编

中国农业出版社

编写人员名单

主　　编：蔡昭龙

副 主 编：张声扬

主　　审：王金胜

参编人员：（排名不分先后）

武　欣	陈爱明	冯顺才	王永兰
杨文博	孙　杰	王董剑	杨梦蝶
龚　雁	刘　恋	邹克双	李玉婷
连　漪	王国兵	韩　涵	梁俊威
谭玉泉	雷运清	杨　华	刘　涛
杨　平	王以红		

主编简介： 蔡昭龙，1985年7月毕业于福建农学院养蜂系（现更名为福建农林大学蜂学学院），获得蜂学学士学位。曾先后被评为"湖北省新长征突击手""湖北省学雷锋先进个人""武汉市洪山区十佳创业人物"，在各类专业刊物中发表论文10余篇，起草了两部武汉市蜜蜂行业地方标准，并获得武汉市质量科技成果二等奖，撰写了《蜂群饲养管理》一书由中国农业出版社出版。现任政协武汉市洪山区第八届委员会委员、中国蜂产品协会常务理事、福建农林大学湖北校友会会长、湖北省养蜂学会副理事长、武汉市蜂业协会副会长、武汉市蜂业协会科普专委会主任委员、武汉市标准化协会副理事长、武汉潜江商会副会长。专注蜂业科普的推广，被《中国蜂业》冠名蜂业科普推广的领军者。长期从事健康管理的实践，是现代健康理念的倡导者和推进者。

副主编简介： 张声扬，主任医师，1959年7月毕业于同济医科大学，一直从事医学院医学微生物、免疫学以及常见病的教学工作，积累了丰富的教学经验，并于1992年获卫生部科技进步一等奖。现任中国科学院壳寡糖研究中心特聘教授、中国健康促进专业委员会湖北分会主席、国家医学教育发展中心副主任、中华医学会菌物学会委员、湖北省微生物与免疫学会常务理事、同济医科大学资深教授、武汉健康管理学会常务理事、武汉蜂之宝蜂业有限公司健康管理中心医学顾问。长期从事健康教育和健康管理工作，是一名资深的健康教育管理专家。

序

　　金秋十月，神州大地硕果累累。欣闻武汉蜂之宝蜂业有限公司董事长蔡昭龙同志新作《健康源于管理——蜜蜂产品与人类健康》即将出版。谨以此短文作序，向作者表示祝贺，并向广大读者表示敬意！

　　健康是一个亘古不变的话题，如何保持健康，这也是人们一直关注的问题。随着社会的发展，各种环境问题、饮食问题也越来越多，各种慢性疾病也日益频发，让人们为之惶恐。本书作者就什么是健康管理、如何管理自己的健康以及健康的预防和保健等问题作了详细的解答，内容新颖，方法简单可靠。

　　湖北地处中原，气候温和，蜜蜂资源丰富，"小蜜蜂、大健康"的产业理念在荆楚大地得到了长足的发展。作为天然保健食品的蜜蜂产品，具有悠久的食用历史，也深受广大消费者的青睐。早在东、西汉时期，蜂蜜、蜂花粉、蜂子等就被当作贡品或作为孝敬老人的珍品，古代著名医书《神农本草经》《本草纲目》等，对蜜蜂产品都作了较高的评价，列为上等品给予珍视。随着科学技术的发展，蜜蜂产品神奇的保健功能也渐渐为人们所熟知，蜜蜂产品在维护人类健康方面也扮演着越来越重要的角色。尽管目前市场上营养保健品品种繁多，有的产品不惜重金大做广告，可往往昙花一现，很快被市场淘汰，而蜜蜂产品却一枝独秀，保健地位突出，市场前景越来越好。

　　寻求健康持续之法，需鉴前人之经验，修启迪后人之志。《健康源于管理——蜜蜂产品与人类健康》一书，集各医学名师之大成，实属创新之举，值得提倡。该书编者秉着实事求是的原则，收集翔实可靠的资料，全面系统地讲述了健康管理和蜜蜂产品与人体健康之间的重要关系，上溯史前，下至当代，较好地突出了蜜蜂产品的功能特点和保健价值，是一项服务当代，惠及民众的科普文化工程。

　　希望广大中老年朋友认真学习此书，借鉴此书，研究此书。特别是要借鉴健康管理的历史经验，推进现代健康的健康理念，汲取健康管理的科学方法，发挥蜜蜂产品的保健作用，推动现代健康的养生模式，为提高大众健康、建设和谐社会作出更大的贡献。

中国养蜂学会理事长　袁　忠

前　言

　　健康是生命之本，是人类不懈追求的目标之一。党的十七大把提高全民健康素质作为全面建设小康社会的重要内容。重视健康预防，促进全民健康，不断提高广大群众的健康水平。对于构建社会主义和谐社会，实现可持续发展，具有十分重要的意义。

　　当前，工业化、城镇化进程和社会生活节奏不断加快，各种污染加剧，食品安全隐患严重，危害人体健康的因素日益增多。特别是由不良生活方式造成的慢性非传染性疾病，已逐步成为威胁生命的主要杀手。随着中国人口老年化进程的加剧和人类健康意识的提高，健康问题就显得尤为重要，健康管理也就成为提高人体健康体质，减少患病风险，降低医疗费用的最有效方法和途径。

　　2011年底，我国发布的《医学科技发展"十二五"规划》中，首次写入了"治未病"这一传统养生保健理念，为中国健康产业的发展奠定了坚实的基础。2012年1月，国家发改委、工信部联合印发了《食品工业"十二五"发展规划》。根据该规划，到2015年，我国营养与保健食品产业产值将达到1万亿元，年均增长20%；形成10家以上产品销售收入在100亿元以上的企业。规划中明确指出了中国医疗体制将由过去过分依赖临床医学转为以预防和营养为主的预防医学，功能性保健食品的作用越来越重要。

蜜蜂是一个神奇的物种，它有一种神秘的力量，能给人健康的体魄和旺盛的精力。早在两三千年前，就有将蜜蜂产品应用于食品的记载。斗转星移，千百年来蜜蜂产品就从来没有离开过老百姓的生活，作为健康产业中的常青树，各类蜜蜂产品就一直扮演着人类健康卫士的角色。它辛勤的劳作给人类带来丰富的天然蜂产品，且蜂产品以其"安全性、营养性和功能性"成为最佳的功能性保健食品，对人类的健康作出了巨大的贡献。

为认真贯彻预防为主的方针，大力普及健康养生保健知识，不断增强人类的健康意识和自我保健能力，实施自我健康管理。我们将自己长期累积的科普推广知识和健康管理经验编写成此书，此书详细阐述了健康管理的概念和重要性，介绍了健康管理的步骤与方法，阐明了蜜蜂产品与人类健康的关系。旨在为大家提供一本集知识性、科普性、趣味性于一体的保健知识读本，具备可查询性和可操作性。如果您能从这本小册子中受到启示，得到帮助，有所收获，对自己的健康有所裨益，我们将感到无比欣慰。

编　者

二零一四年十月

目 录

序
前言

第一章 绪论 ………………………………………………… 1

第一节 健康管理的起源与发展 ……………………………… 1

第二节 蜜蜂产品与人类健康 ………………………………… 2

第二章 健康需要管理 ……………………………………… 4

第一节 健康管理的意义 ……………………………………… 4

　　1. 对自己的健康负责 ……………………………………… 5

　　2. 健康认识的飞跃 ………………………………………… 5

　　3. 为什么要推行健康管理 ………………………………… 6

第二节 我国在健康管理方面存在的问题和解决办法 ……… 7

　　1. 传统思维造成健康困境 ………………………………… 7

　　2. 传统观念的转变 ………………………………………… 8

　　3. 健康管理和健康促进的关系 …………………………… 9

第三节 如何实施健康管理 …………………………………… 10

　　1. 建立档案 ………………………………………………… 11

　　2. 健康教育 ………………………………………………… 11

　　3. 健康评估 ………………………………………………… 11

　　4. 健康干预 ………………………………………………… 12

　　5. 健康改善 ………………………………………………… 12

6. 健康跟踪 ……………………………………………………… 12

第三章　健康的预防与保健 ……………………………………… 13

第一节　健康面临的挑战 ……………………………………… 13

1. 污染对人类健康的警示 …………………………………… 13

2. 亚健康的危险 ……………………………………………… 13

3. 自由基的危害 ……………………………………………… 16

第二节　健康危机的预防 ……………………………………… 18

1. 防止老化，清除自由基 …………………………………… 18

2. 改善亚健康 ………………………………………………… 20

第三节　中老年常见慢性疾病及预防措施 …………………… 21

1. 老年痴呆症 ………………………………………………… 22

2. 癌症 ………………………………………………………… 24

3. 糖尿病 ……………………………………………………… 25

4. 冠心病 ……………………………………………………… 28

5. 骨质疏松症 ………………………………………………… 30

6. 前列腺增生症 ……………………………………………… 33

7. 乳腺疾病 …………………………………………………… 36

8. 脑中风 ……………………………………………………… 40

9. 高血压病 …………………………………………………… 42

第四章　神奇的蜜蜂王国 ………………………………………… 46

第一节　蜜蜂王国的成员 ……………………………………… 46

1. 蜂王——蜜蜂王国的"母亲" …………………………… 46

2. 工蜂——辛勤的劳动者 …………………………………… 47

3. 雄蜂——蜂群中的"花花公子" ………………………… 48

第二节　蜜蜂的语言 …………………………………………… 48

1. 短途舞（圆舞） …………………………………………… 48

2. 长途舞（摆尾舞） ………………………………………… 49

第三节　蜜蜂的住宅 …………………………………………… 49

第四节　蜜蜂的行为 …………………………………………… 50

1. 花蜜的采集与酿造 ………………………………………… 50

2. 蜂花粉的采集 ……………………………………… 51

3. 蜂胶的采集 ………………………………………… 52

4. 蜂王浆的分泌 ……………………………………… 53

5. 蜂毒的分泌 ………………………………………… 53

第五章　蜜蜂产品与人类健康 …………………………… 55

第一节　蜂王浆与人类健康 …………………………… 55

1. 蜂王浆的应用史 …………………………………… 55

2. 蜂王浆的成分 ……………………………………… 56

3. 蜂王浆的药理作用与保健功效 …………………… 57

4. 蜂王浆的临床应用与典型病例 …………………… 60

5. 蜂王浆的感官鉴别方法 …………………………… 65

6. 选择蜂王浆产品的注意事项 ……………………… 66

7. 蜂王浆的食用与保存 ……………………………… 66

8. 蜂王浆美容小配方 ………………………………… 67

第二节　蜂胶与人类健康 ……………………………… 68

1. 蜂胶的应用史 ……………………………………… 68

2. 蜂胶的成分 ………………………………………… 69

3. 蜂胶的药理作用与保健功效 ……………………… 71

4. 蜂胶的临床应用与典型病例 ……………………… 74

5. 蜂胶的感官鉴别方法 ……………………………… 90

6. 选择蜂胶产品的注意事项 ………………………… 91

7. 蜂胶的食用与保存 ………………………………… 92

8. 市场上哪种蜂胶好 ………………………………… 93

第三节　蜂花粉与人类健康 …………………………… 94

1. 蜂花粉的应用史 …………………………………… 94

2. 蜂花粉的成分 ……………………………………… 94

3. 蜂花粉的药理作用与保健功效 …………………… 96

4. 蜂花粉的临床应用与典型病例 …………………… 101

5. 蜂花粉的感官鉴别方法 …………………………… 105

6. 选择蜂花粉产品的注意事项 ……………………… 106

7. 蜂花粉的食用与保存 ……………………………… 106

8. 蜂花粉美容小配方 ………………………………… 108

第四节　蜂蜜与人类健康 ……………………………………… 112

1. 蜂蜜的应用史 …………………………………………… 112

2. 蜂蜜的成分 ……………………………………………… 113

3. 蜂蜜的药理作用与保健功效 …………………………… 116

4. 蜂蜜的临床应用与典型病例 …………………………… 117

5. 蜂蜜的感官鉴别方法 …………………………………… 120

6. 选择蜂蜜的注意事项 …………………………………… 121

7. 蜂蜜的食用与保存 ……………………………………… 126

8. 蜂蜜美容小配方 ………………………………………… 127

第五节　蜂毒与人类健康 ……………………………………… 128

1. 蜂毒的应用史 …………………………………………… 128

2. 蜂毒的主要成分 ………………………………………… 129

3. 蜂毒的药理学作用 ……………………………………… 132

4. 蜂毒的临床应用与典型病例 …………………………… 136

5. 蜂毒疗法 ………………………………………………… 137

6. 蜂毒疗法应注意的问题 ………………………………… 140

第六节　雄蜂蛹和蜜蜂幼虫与人类健康 ……………………… 141

1. 蜜蜂幼虫的来源 ………………………………………… 142

2. 雄蜂蛹的来源 …………………………………………… 143

3. 雄蜂蛹和蜜蜂幼虫的营养成分 ………………………… 144

4. 雄蜂蛹和蜜蜂幼虫的药理作用 ………………………… 147

5. 雄蜂蛹和蜜蜂幼虫的应用 ……………………………… 151

6. 雄蜂蛹和蜜蜂幼虫的保存 ……………………………… 152

7. 雄蜂蛹和蜜蜂幼虫的食用 ……………………………… 154

参考文献 ………………………………………………………… 155

第一章
绪　论

第一节　健康管理的起源与发展

　　健康管理这个概念最早是从美国传过来的，指的是医疗机构或保险机构对他们的客户进行系统的健康管理，以便准确及时地掌握客户的健康状况，并及时给予治疗措施和预防措施来降低顾客的发病率和自己公司的赔偿率。之后随着社会的发展进步，健康管理所涉及的内容也越来越丰富。参与健康管理的机构也多种多样，例如专业健康管理公司，他们区别于医疗机构和保险公司，介于两者之间，直接面对客户的需求，提供系统专业的健康管理服务，使客户从社会、环境、心理、营养等各个方面得到最全面的健康维护和保障。

　　在我国，健康管理还是个新鲜的事物，进行健康管理的人也特别的少，主要的服务对象是那些经济收入较高的少数人群，普通百姓对此知之甚少，甚至还出现排斥现象。比如，有些人宁愿花上万块钱去喝酒抽烟，都不愿意花几十几百元来做一下健康管理。他们认为健康管理就像算命先生，不可靠，所以他们宁愿等到生病了，把毕生的积蓄送给医院。他们不相信通过健康管理能够保证他们的健康。

　　其实，慢性非传染性疾病具有一个最大的特点就是可干预性，这一点也就是健康管理的科学基础。一般来讲，疾病的形成大致可分为四个阶段：健康状态、低危险状态、高危险状态、病变形成疾病。这四个阶段的形成要花费很长的时间，至少需要几年，这主要和人的遗传因素、环境因素，以及个人的医疗条件等都有很大的关系，而且它们的发生过程都不易察觉。

在西方，健康管理计划已经被证实是一种能够有效降低个人发病危险的非常有效的手段，它也是现代健康医疗中重要的组成部分。美国的研究表明通过健康管理的正确干预和预防，个人对健康的意识增强了，能够给医生提供可靠的数据和线索，大大提高了对疾病的治愈率，降低了个人患病的风险。

其实健康管理不仅仅是一种管理健康的措施，它更像一种严密的程序。通过它，我们可以学会日常自我健康护理，能够让我们及时地改正自己不良的生活习惯，进而减少我们患病的概率，从而达到让我们省钱的目的。总之，健康管理能够让我们更好地了解自身患病的倾向，再由医生给我们提供健康预防的建议。

第二节　蜜蜂产品与人类健康

蜜蜂是一个神奇的物种，在它身上有很多感人的故事，它制造的产品也非常诱人，如蜂蜜、蜂胶、蜂王浆、蜂花粉、蜂蜡等，它们都具有神奇的保健作用，如抗氧化，预防癌症、糖尿病、心脑血管疾病等。我国古代经典医书就对蜜蜂及其产物的医疗功效有所记载，例如《黄帝内经》就曾记载了蜂针、蜂毒治病的实例；《神家本草经》就曾证实长期食用蜂王幼虫，有百利而无一害，并将其列为养颜上等品。

还有《太平圣惠方》就蜂蜜和蜂花粉的养生、抗衰老作用做了详细的描述。李时珍的《本草纲目》中也记载了蜂产品清热解毒等功效，此外，它还记载了雄蜂蛹养颜抗衰老的神奇效果。

苏联的生物学家尼古拉·齐金做了这样一个调查：他咨询了全国的 200 多位百岁以上老人，详细了解了他们长寿的原因，结果发现了一个惊人的现象：这 200 多名百岁老人当中，养蜂人就占了 90%。这不是巧合。因为有研究表明：蜂王浆神奇的功效，不仅能够让人类的寿命延长，还能够使人返老还童。所以，长期食用蜂产品，我们的健康就能够得到很好的保证。

随着我国经济的飞速发展和人民生活水平的提高，人们的保健意识日益增强，注重身体保健已成为一种时尚；特别是近年来，随着世界回归大自然营养食品趋势的影响，人们对绿色食品需求的增强，蜂产品作为一种天然、绿色、有机的保健品已被越来越多的广大消费者所接受。蜂产品对于中、老年人在疾病预防和延缓衰老上发挥出重要作用。

第二章
健康需要管理

第一节　健康管理的意义

中国有这样一句诗句："冰冻三尺非一日之寒，滴水石穿非一日之功。"对于我们的健康也是如此，对健康的投资我们不能急功近利，急于求成，这个过程是急不来的，但它又是你提高生活质量所必需的。有的东西是用钱买不来的，例如时间和健康。你要想长寿，就必须改变对生活的态度。

我们常说凡事都要有"度"，过犹不及。对待健康也应该这样。未病先防，未病先养，这样才能提高生存的质量。有专家指出，我们的健康是有三个因素影响的：遗传基因、生活环境、医疗和生活方式，但是前面两个因素只占少数，所以我们的健康还是由我们自己控制的。而科技经济高速发展的今天，我们为了积攒财富，过分地透支自己的健康。这不是一个明智的选择。我们忘记了我们工作的最根本目的——生活得更美好并拥有健康的身体。

健康有四个基本条件：合理膳食，适量运动，良好的生活习惯，良好的心态。这说起来简单，真正能够做到的人又有几个呢！但有研究显示，如果人们能够依照这四条去做的话，就能够大大减少疾病的发生率，延长我们的寿命。而且我们生活的目的不仅仅在于生存，还在于活得有价值。

1. 对自己的健康负责

经过一个世纪的摸索，我们发现再也不能使用以前那种以疾病为中心的诊治模式了。虽然科技技术在不断发展，但是它能给予医疗卫生领域的帮助并没有更多。目前，我们对药品、技术的研发投入成本在日益增大，但其成果对人群健康长寿的贡献却没有那么显著。我们发现，少数患病的人群占用了我们大部分医疗费用，而健康的人群所用的医疗费用不到1/3。而处于发展中的我们，面临着巨大的挑战：环境污染、生活方式混乱等，这些都严重损害着我们的健康，危害着我们的生命。

很多时候，我们不得不将我们大多的积蓄用在病床上，而不愿意提前对自己的健康进行投资。有数据显示，如果我们能够防微杜渐，提前预防，就可以节约大量医疗资源，节省大量的金钱。现在医疗费用的极速增长，让人们越来越难以承受，迫使人们寻找新的健康之路。在这种需求背景下，管理健康就这样慢慢地进入到人们的视线当中。

2. 健康认识的飞跃

随着时代的发展，人类对健康的认识也发生了翻天覆地的变化。起先，人们一直以为疾病和健康是由鬼神决定的，病了就求神拜佛，完全忽略了人的主观性。后来，人们的观念有所改变，不完全相信"鬼神医学"了，而认为健康是一种平衡，如果这种平衡被打破了，人就会生病。再后来，由于生活经验的积累，自然科学的慢慢发展，人们开始掌握了一些传染疾病和营养不良的治疗方法，人类对疾病的控制变得越来越主动。此后，发达国家在解决了温饱问题的前提下，发现疾病的产生已经不完全由生物因素引起，还有心理因素、环境因素等，它们对疾病也有非常重要的影响，于是就提出了一个大健康模式"生物—心理—社会—

环境"的健康模式。但因为经济发展的局限，"大健康模式"这个理念并未被中国及时引进。如今，中国的经济得到了高速发展，人民的生活质量得到了很大的提高。人们吃饱、吃好后出现的大量的健康问题，又开始让人烦恼起来，已经达到了不解决不行的地步。

需要特别指出的是，我们引进"大健康模式"的医疗模式，不能照搬别人的模式，还要根据我国自身的特殊情况，不仅要充分结合经验医学模式和生物医学模式，还要充分考虑到其他因素对健康的影响。

3. 为什么要推行健康管理

3.1 健康管理关乎中国核心竞争力

从改革开放到现在，中国发生了翻天覆地的变化，中国在国际上的地位也日益提高。人们越来越重视生命、关注健康。现代社会，生活竞争压力日益增大，人们的健康因此受到了严重的侵害。环境污染、空气污染、水污染以及食物的危害等问题严重影响了现代人的身体健康，我们该以怎样的健康模式来认真对待自己的健康问题。黄建始曾经提出生物—心理—环境—社会大健康模式，关于如何管理健康的问题给人们提出了很多重要的建议。

有人说，21 世纪应该是科学管理健康的世纪，每个人都应该对自己的健康进行科学合理的管理。管理好自己的健康不是一个简单的问题，这不仅关乎我们自己，还关系到我们身边的每一个人，这也关乎着国家核心竞争力。

3.2 健康管理关乎全人类的健康

一般来讲，人们从健康状态到死亡，要经历六个阶段：健康状态、低危、中危、高危、临床、疾病阶段。目前，据统计数据显示，我们大部分的医疗资源被少数患病的人群占用了，医疗投入太大，浪费了社会资源。现代社会文明的发展和科技的进步，给我们的生活带来了很多的便利，同时也给我带来了很多的疾病问题。因此，我们不仅需要专业的医疗诊断系统，我们更需要科学管理健康的系统。

3.3　接受大健康模式是中国可持续发展的保障

邓小平提出解放思想让中国打破了当前的发展模式，让中国的经济得到快速的发展。如果我们想加强人们对健康的认识，全面提高国民的健康，保证中国和平发展的可持续性，就应该打破当前落后的医学模式，让健康领域也能快速地发展起来。因此，中国健康问题的当务之急就是应该全面接受大健康模式，这也是我们个人管理好健康的关键所在。

第二节　我国在健康管理方面存在的问题和解决办法

现在我们一直在向"病有所医"的目标努力，但我们的现实却是"看病难、看病贵"，这是我们目前最普遍的问题，如果还一直停留在靠打针吃药来治病的旧有思维上，那么我们当前的问题是不可能得到解决的，相反愈演愈烈。我们应该反思，需要从健康管理的角度出发，认真思考造成目前状况的原因，共同探讨我国宏观健康战略，改变我国目前的医疗资源配置情况，最终能够真正做到"病有所医"的目标。

1. 传统思维造成健康困境

当前我们面临的健康问题主要是由于我们周围的环境和我们的生活方式的变化而引起的，但我们的思维还一直停留在以前旧的模式中，根本分不清饥饿引起的疾病与饱腹时引起的疾病之间有什么差别。其实这两者之间是有很大差别的。由于饥饿而产生的疾病是可以通过简单的打针吃药治好的，而"吃饱之后"生的病就要分情况而定了。一般情况下通过吃药打针是解决不了。如果今天我们还只关注治病本身，只想着吃药打针，那只会让情况越来越糟。所以，如果只按照传统生物医学的角度去看病的话，是完全不行的。

因此，观念的改变势在必行。而目前我们大部分群体还是只关注治病本身，这种落后的医疗观念，会让我们产生一系列的偏差，导致一些非理性的行为，例如我们的医学院的考核成绩的高低，不是以临床上的效率为标准，而是靠所谓的 SCI 文章的多少，这是非常荒谬的，这会让我国的医疗卫生事业陷入困境。

2. 传统观念的转变

为何要转变观念?

要转变观念，对全体国民进行健康管理，其原因主要有以下几点：其一，以前那种旧的医疗模式是没有能力应对现代社会所出现的健康问题；其二，目前引起我们的健康问题已经不是医疗技术问题，而是我们陈旧的观念问题；其三，目前国民遇到的很多疾病已不是旧时代的急性疾病，而是很难治愈的慢性病；其四，这些慢性病的产生主要是因为我们的生活方式不当引起的。所以，如果我们的医疗资源总被极少数的患病者所占用，而大部分没有患病而受各种健康危险因素威胁的人群应有的健康权利就得不到保障。所以，我们针对相对健康的人群、患小病的人群和患大病的人群应该采取不同的科学方法去治疗，以达到防控疾病、维护和促进健康的目的。

怎样转变大众的观念?

首先，我们应该抛开目前的医疗观念，认真地反思我国的健康状况，引用国际优秀的健康康复的经验，解放思想，用长远的眼光去思考我国宏观健康战略和策略问题。而通过健康管理的方法能够为我们提供有效的医疗途径和方法。当前，世界对待疾病的态度已经从单纯的预防控制发展到维护上了，所以，如果我们的思维还停留在传统的医疗模式上，就会让我国亿万国民的健康大业引向末路。

其次，积极搭建和完善我们赖以生存的环境，从医学教育、研究和临床诊断上彻底改变目前的错误现状。而且，政府和社会组织也应该将健康管理作为今后医疗服务的方向和重点，在政策、资源配置及财政保障上优先考虑发展医疗系统健康管理的能力。

再次，鼓励每个人养成健康的生活方式和习惯。如何养成？我给大家总结了几点：

第一，控制好自己的饮食习惯。每天我们各种食物的要保持一定的饮食比例，肉、水果和蔬菜要合理搭配食用。

第二，适量的运动。运动是保持健康的不二法则。适量的运动不仅能够帮助我们活动筋骨，还能消耗掉我们每天摄入的过多的能量。但切记运动量不能过大，运动过量会加快人体的衰老。

第三，养成良好的生活习惯。有人会问"什么是良好的生活习惯？"我认为最起码不要抽烟、不喝酒。抽烟有百害无一利。在家里或在公共场所里吸烟是一件令人讨厌的事情，也是十分不文明的行为。另外有研究表示中国人身体内酶的功能比西方人差很多，对酒精的分解能力很差，而酒的主要成分是乙醇，进入体内经过肝肾吸收排泄，乙醇先通过乙醇脱氢酶变成乙醛，乙醛不能及时地被分解，停留在体内，就会严重损害肝脏。所以，喝酒等于慢性自杀。

第四，保持良好的心态：好心态是保证健康的基石。人身上有些细菌通过消毒是无法消除的，只有靠健康的身体才能抵御病毒侵犯，正气所在，邪不可干。所以，良好的心态，就能保持身体的正常运转，而心态不好会生出很多毛病。

3. 健康管理和健康促进的关系

20世纪70年代，发达国家认为降低发病率、维护和改善国民健康的最有效途径就是改变我们周围的环境和改变我们的生活方式，这种健康促进的方式在世界各地得到了很好的验证。虽然这个理念在 20 世纪 90 年代初就被引进了我国，但在我国至今还没有得到全面的推广，主体思想还一直停留在卫生宣传教育和健康教育之间。

究其原因，主要是我们的医疗观念还一直停留在生物医学模式上，而现在先进的健康促进的模式至今并没有被我国大范围接受。健康促进最根本的作用就是给我们提供比较合适的资源和途径，帮助人们控制影响健康的各种因素。但在目前，虽然健康促进理念从一开始就在积极推进，其实并没有成功地达到大力推进的目的。

与此同时，被引进我国的还有健康管理的观念，它与健康促进理念有所不同，它并没有要求政府提供很多资源，它可以利用有限的资源来达到管理健康的目的。2003 年，国家主席胡锦涛提出了科学发展观，他强调要"以人为本"，这时我国才充分认识到健康是人全面发展的基础，关系到千家万户的幸福。这观念的根本改变，让人民的思想得到了解放，同时也给健康管理带来了更大的空间。

维护和促进国民健康关乎我国能否可持续发展，我们必须通过健康管理来调动所有可以利用的资源，来全面促进国民的健康。从某个意义上来看，健康促进为我们指明了正确的方向，提供了具体的行动框架；而健康管理给我们提供更加具体的途径和方法。健康促进和健康管理，两者相辅相成，缺一不可。只有通过正确的健康管理理论与实践让主流社会包括政府从根本上认识到生物—心理—社会—环境医学模式促进国民健康的威力，健康促进才会真正地惠及神州大地，造福华夏子民。

第三节　如何实施健康管理

健康管理是一种前瞻性的卫生服务模式，它以较少的投入获得较大的健康效果，从而增加了医疗服务的效益，提高了医疗保险的覆盖面和承受力。一般来说，健康管理有以下六个基本步骤。

1. 建立档案

收集服务对象的个人健康信息，建立个人的健康档案。个人健康信息包括个人一般情况（性别、年龄等）、目前健康状况和疾病家族史、生活方式（膳食、体力活动、吸烟、饮酒等）、体格检查（身高、体重、血压等）。

2. 健康教育

通过有计划、有组织、有系统的社会教育活动，使人们自觉地采纳有益于健康的行为和生活方式，消除或减轻影响健康的危险因素，预防疾病，促进健康，提高生活质量，并对教育效果作出评价。健康教育的核心是教育人们树立健康意识、促使人们改变不健康的行为及生活方式，养成良好的行为及生活方式，以降低或消除影响健康的危险因素。通过健康教育，帮助人们了解哪些行为是影响健康的，最终促使人们自觉地选择有益于健康的行为生活方式。

3. 健康评估

根据所收集的个人健康信息，在体检的基础上对个人的健康状况及未来患病或死亡的危险性进行评估。

其主要目的是帮助个体综合认识健康风险，鼓励和帮助人们纠正不健康的行为和习惯，制订个性化的健康干预措施并对其效果进行评估。

4. 健康干预

在健康评估的基础上，由健康管理师制订出一套完整的健康管理干预计划和实施方案，根据干预计划和方案来进行管理服务与督导，以期达到健康干预与维护的目的。

5. 健康改善

依据健康管理干预计划，有步骤地以多种形式来帮助个人采取合理的行动、纠正不良的生活方式和习惯，控制健康危险因素，实现个人健康管理计划的目标。它与一般健康教育和健康促进不同的是，健康管理过程中的健康干预是个性化的，即根据个体的健康危险因素，由健康管理师进行个体指导，设定个体目标，并动态追踪效果。如健康体重管理、糖尿病管理等，通过个人健康管理日记、参加专项健康维护课程及跟踪随访措施来达到健康改善效果。一位糖尿病高危个体，其除血糖偏高外，还有超重和吸烟等危险因素，因此除控制血糖外，健康管理师对个体的指导还应包括减轻体重（膳食、体力活动）和戒烟等内容。

6. 健康跟踪

基于上述干预措施的实施方法和手段，健康管理师对其进行动态的跟踪随访，观察其健康改善的效果与健康动向，为更好地管理健康进行效果评价。

应该强调的是，健康管理是一个长期的、连续不断的、周而复始的过程，即在实施健康干预措施一定时间后，需要评价效果、调整计划和干预措施。只有周而复始、长期坚持，才能达到健康管理的预期效果。

第三章
健康的预防与保健

科学家分析和推断：人活百岁不是梦。

世界权威医学家、美国著名海弗里克教授根据人类细胞分裂次数揭示：人类自然寿命至少应该是 120 岁。

按大自然的生物学原理，哺乳动物的寿命是其生长期的 5～6 倍。人的生长期是以最后一颗牙齿长出的年龄为标志，也即 20～25 岁。因此，人的寿命就是 $20 \times 5 = 100$ 岁至 $25 \times 5 = 150$ 岁之间，不会短于 100 岁，也不会长于 150 岁。各国科学家不论用什么理论，什么公式计算，都没有太大的出入。

第一节　健康面临的挑战

1. 污染对人类健康的警示

随着科技的日益发展，污染问题也越来越严重，这些污染对人类健康造成了极大的伤害，应该引起我们足够的警示。

2. 亚健康的危险

2.1　什么是"亚健康"

"亚健康"简单说来就是健康与疾病之间的状态。可以说处于既不完全健康，又没达到疾病的诊断标准和程度。人们也称这种亦此亦彼的第三状态为健康的灰色状态、病前状态、亚临床期、临床前期、潜病期，等等。

"亚健康"概念是 20 世纪 80 年代后半期世界医学界提出的，这是医学的新思维，是健康的新视角，是医学的一大进步。据世界卫生组织的一项全球性调节结果表明，全世界处于亚健康状态的人占 75%，诊断患病的人占 20%，真正健康的人只占 5%。为此，预防消除亚健康状态，就成为一项预防性的健康策略。

2.2 引起亚健康的原因

（1）过度的压力或紧张

社会经济的快速发展使社会竞争也日趋激烈，人们承受着来自各方面的巨大压力。特别是工薪阶层，各种事务挤占了他们的时间，导致他们运动不足，用心、用脑过度，身体长期处于紧张的超负荷状态。其实人的身体状况就像弹簧一样，如果长期处于拉伸状态，就很难恢复原样。人如果长期处于紧张状态，疾病就离我们不远了。研究表明长时期的紧张和压力对健康的危害有以下表现：引发急、慢性疾病，直接损害心血管系统或胃肠系统；引发脑应激疲劳和认知功能下降；破坏我们的生物钟，影响睡眠质量；破坏我们的免疫功能，导致恶性肿瘤和感染机会增加。

（2）不良的生活方式或生活习惯

随着经济的发展，人们的生活水平日益提高，吃得也越来越好。由于缺乏正确的健康知识，营养失衡正成为影响我们健康的"定时炸弹"。当机体摄入热量过多或营养贫乏时，就可导致机体失调。如过多进食高脂肪食物、进食宵夜、偏食、暴饮暴食等，一方面造成热量的过剩，导致肥胖、代谢功能紊乱；另一方面由于偏食等不良饮食习惯，饮食结构不平衡，致使营养素的摄入不足或失衡，机体的物质代谢紊乱和免疫力低下等，久而久之就会导致慢性疾病的发生。

（3）自然环境污染的影响

在社会发展过程中，不可避免地会带来水源和空气污染、噪声、微波、电磁波及其他化学、物理因素污染，这些污染是健康的隐性杀手。如果人长期处在非常嘈杂的环境当中，会引发人们耳鸣、头痛、失眠、听力下降等症状，称为"噪声综合征"，进而会损害人体的听觉器官。另外，大气的污染会直接损害人体的呼吸系统。

（4）精神心理因素

人如果长期处于不良情绪当中，机体会分泌很多有害的成分，这会严重影响人的心理健康和躯体健康。心理疾病严重威胁着人类健康。例如强烈的竞争心理会提高心脑血管疾病的发生概率，而具有内向、抑郁性格者会增加其癌变疾病的发生的可能性。

（5）药物的使用不当

我国广大百姓对药物知识的了解极度缺乏，有的甚至都不遵从医生的嘱咐，随意乱吃，根本就没有意识到药物本身就存在巨大的安全隐患。例如：擅自增加药物的用量，以为这样就能加快病情的好转。依赖药物，只要有病就吃药，根本不区分疾病的大小，这样长期的服用，会增加机体脏器的负担，会直接损伤脏器的功能，破坏人体自身的免疫平衡。例如普通的感冒，就大量服用抗生素，这会让感冒越来越难以治疗，机体会产生耐药性。

（6）遗传因素

遗传因素是人类健康的先天因子，它影响人们的寿命，它会导致人们对疾病的感知能力有所区别，患病后恢复力也存在不同。现代科学研究证实，物种进化的结果决定了不同属性的物种，其寿命是不同的，而同种生物的寿命长短又与其遗传基因关系密切。

2.3 "亚健康"的诊断标准

伴随着现代化进程的不断推进，亚健康状态、心理疾病和生活习惯病的发生率不断提高，这已成为困扰现代中国人健康的问题。亚健康状态的中西医诊疗方法的确定及建立相关标准已提到议事日程中。2000 年开始，中国科技部、卫生部、国家中医药管理局和自然科学基金委员会设专项基金，拟采用多中心、大样本、前瞻性的临床流行病学调查和多层次的数理统计和信息分析技术等现代科学研究方法，开展健康人群中亚健康状态流行病学调查和中西医结合干预措施的研究。目前，我们探讨中的中西医结合诊断方法主要包括以下几方面：

　　① 临床检查：以排除躯体器质性病变。

　　② 心理测试：排除精神病的同时，确定人格特征和情绪状态。

　　③ 技能测试：通过临床各种检验，了解内分泌、免疫功能和血液状态，通过心电、脑电、远红外线等测查，了解心血管机组和脑技能改变。

3. 自由基的危害

　　在地球上，细菌和病毒一直威胁着人类的生命安全，人类在与它们斗争的过程中取得了显著的成绩。20 世纪 60 年代，生物学家发现烟囱清扫工人肺癌发病率高是由自由基引起的，从此人类才意识到人类头号宿敌居然是自由基。它比细菌、病毒更加隐蔽。自由基过量产生或人体自身清除自由基能力下降会导致多种疾病的产生与恶化。

　　自由基是客观存在的，它一直处在动态平衡当中，在正常情况下，它对人体的伤害很小，当人体发生病变后，自由基的平衡被打破了，产生的速度远远大于清除的速度，机体就会受到严重的伤害。有研究发现与自由基有关的疾病发病率在极速地上升。

　　自由基对人体的危害是非常普遍的，例如衰老、老年斑的形成等，它的作用机理主要体现在三个方面：第一，破坏细胞膜，使细胞膜的通透性发生改变；第二，破坏血清抗蛋白酶的活性；第三，破坏人体的基因，导致细胞的变异。

　　自由基对人体的攻击首先是从细胞膜开始的。细胞膜上的磷脂很容易与自由基反应，生成超过氧化自由基。这种自由基极富氧化性，它会破坏细胞膜的弹性和通透性，让细胞膜失去真正的过滤作用。同时，它与磷脂反应生成的脂质过氧化产物，损害肝脏，对心血管造成破坏，导致心血管系统疾病。

大量研究表明，炎症、肿瘤、衰老、血液病等各方面疾病的发生机理与体内产生过多的自由基或与机体产生和清除自由基的平衡被破坏有着密切的关系。自由基产生过多会导致炎症。机体内过多的自由基，不能及时地清除或者机体对自由基清除能力下降的话，就会导致很多疾病，例如克山病、范可尼贫血等疾病。而动脉粥样硬化和心肌缺血再灌注损伤是自由基产生与清除平衡被破坏的最好例证。

随着人们对自由基的认识越来越多，清除自由基的方法也越来越多。有研究表明，自由基的产生与消亡就是电子转移的过程。我们知道在生命运动的过程中，电子的转移是一种最基本的运动，而我们赖以生存的氧是最容易得到电子的，因此，我们人体内的许多化学反应都与氧有关。研究发现那些活性较强的含氧物质几乎都是对人体有害的自由基，它们也通常被叫作活性氧自由基。活性氧自由基对人体的损害实际上是一种氧化过程。因此，要降低自由基的损害，就要从抗氧化做起。

前面我们提到过自由基不仅存在于人体内，也来自于人体外，所以，降低自由基危害的途径就可以分为两条：一是利用自身自由基清除系统来清除体内多余自由基；二是探索外源性抗氧化剂—自由基清除剂，阻断自由基对人体的入侵。

人体内本身具有清除多余自由基的能力主要是靠超氧化物歧化酶（SOD）、过氧化氢酶、谷胱甘肽过氧化酶等一些抗氧化酶和维生素 C、维生素 E、还原性谷胱甘肽、胡萝卜素和硒等一些抗氧化剂。这些酶类物质和抗氧化剂能够让那些活性较强的氧自由基失去活性，使它们失去对肌体的攻击力。所以只要我们能够保持它们的量和活力，它们就会发挥清除多余自由基的能力，使我们体内的自由基保持平衡。

我们要想全面地降低自由基对人体的伤害，我们不仅要依靠体内自由基清除系统，还要积极寻找和发掘外源性自由基清除剂，只有内外相结合，才能更有效地阻断自由基的攻击。

在自然界中，具有抗氧化作用的物质有很多。国内外对天然抗氧化剂的研究已经非常深入了。在这个研究当中，我国的科学家们作出了巨大的贡献。他们研究发现，我国一些特有的含有大量的酚类物质的食用和药用植物很容易被自由基夺走电子，自由茎夺去电子后就会变成对人没有伤害的稳定物质了。

当然，人类要想从根本上避免多余自由基的侵害，还是要增强我们的环保意识，切实改善我们的生存环境。

第二节　健康危机的预防

1. 防止老化，清除自由基

人老了之后所表现出来的一系列特征如体力衰退、皮肤失去光泽及弹性等，一方面是年龄大了导致的，这方面是无法抗拒的；另一方面主要是因为体内自由基导致的。人随着年龄的增长，体内清除自由基的能力就会逐渐减弱，所以如果没能及时补充抗氧化的物质，机体细胞就会遭受自由基的损害，最后导致疾病的产生。越来越多的证据显示，体内自由基含量越高，人的寿命越短。

对于抗氧化的治疗时间来说，原则上是越早越好，不要等到身体严重老化之后才想到要抗老化。另外，除了接受专业健康医生咨询外，最重要的还是靠我们自己，从我们日常生活中的小事做起。因为不良的生活习惯会在体内制造过多的自由基，过多的自由基会进一步破坏细胞的脂质、蛋白质及核酸，最终导致细胞突变成为癌细胞。

1.1　拒绝抽烟

研究发现与其他产生自由基的方式相比，抽烟是目前产生自由基最快的方式，因为据研究每吸一口烟会产生几十万个自由基吧，这严重影响了我们的身体健康，它会提高我们全身性癌症的发生概率，特别是大大增加了肺癌的发病率，同时还会造成许多慢性病，例如心血管病症及糖尿病，还有研究证实一手烟及二手烟伤害是一样的。

1.2　减少做菜的油烟

有研究表明多元不饱和脂肪酸很容易被氧化产生自由基，而中国人做菜喜欢采用煎煮炒炸的烹饪方式，而常用的色拉油含多元不饱和脂肪酸。而最近研究发现食用油中多元不饱和脂肪酸的含量如果大于50%则是较为安全的，如橄榄油，它含有70%的不饱和脂肪酸。另外，少食煎炸的食物，为了您和家人的健康，快餐店少去。

1.3　饮用干净的水

水是人体非常重要的成分，水的健康与否直接影响人体的健康，人体所需水分在2 000毫升以上。由于现在污染比较严重，大部分的水质也发生了变化，尤其是重金属污染。所以我们在选用饮用水的时候，要选择弱碱性水，因为弱碱性水中含有大量的电子，呈负电位，它可以使自由基失去活性，进而达到清除自由基的目的。

1.4　保持健康的饮食习惯

健康的饮食应该是多吃蔬果，少吃肉类，特别是高脂肪类食物，因为蔬菜和水果中含有大量的维生素及黄酮素，它们不仅能够抗氧化，而且能够补充人体所需营养成分。而高脂肪类食物在烟熏、烧烤的条件下会产生毒性非常强的致癌物；另外也应该少吃加工食品，因为食品在加工的过程中会添加色素、防腐剂等成分，这些物质会导致自由基的大量产生。所以我们要多食用蔬果，在食用时最好生食，避免维生素及黄酮素的破坏。另外还应该适量吃一些鱼、蛋、奶、豆类，这些食物均含有丰富蛋白质，补充人体所需蛋白质。

2. 改善亚健康

亚健康是疾病的一种形式，它是动态的，它一直处在转化当中，是向好的方向转化还是向差的方向转化，这就取决于我们的努力和付出了。在这里我总结了几条走出亚健康的建议。

（1）保持充足的睡眠

人要保持健康，就必须要保证良好充足的睡眠。有研究表明：晚上 10 时至凌晨 2 时，是人体最佳休息时间段，因为在这段时间内物质合成最旺盛、分解最少，同时也是 B 淋巴细胞和 T 淋巴细胞生长最旺盛的时间。我们知道 B 淋巴细胞和 T 淋巴细胞是人体的免疫细胞，对人体的抗病性至关重要。另外其他各脏器细胞也是在这段时间更新换代。所以，在这段时间人体没有得到充分的休息，对健康的损害是难以估量。

（2）保持健康的饮食

保持健康的饮食，就要从我们的一日三餐做起。我们知道早饭犹如进补，所以早餐要吃好一点。经国际营养专家研究发现：坚持吃早饭有利于增进记忆，提高学习、工作效率和健康水平。另外中餐和晚餐营养要均衡、适量，要样样吃，但不能吃得过饱，饭后不宜吃零食，因为人的脾胃是人体"气血生化之源"，是营养消耗吸收的重要器官。如果饭后还要吃大量的零食，一方面会加重肠胃的负担，造成营养过剩，会增加一些慢性疾病的患病率例如高血脂、糖尿病；另一方面还会对脾胃造成损伤。

（3）适度运动

生命在于运动，适量的运动是保持身体健康、保持脑力和体力协调、预防和消除疲劳最有效的方法，它不仅能够防止亚健康，还能达到延年益寿的目的。但要注意的是，运动是在人休息好的情况下进行的，只有在这种情况下效果最好，如果在疲劳时运动，对人体只有害处而没有益处，因为这时人体所需的只有休息。另外对待运动要保持坚持的态度，同时要保证适度。

（4）学会喝茶

茶是国际上公认的三大健康饮料之一，是不可多得的抗癌饮料。经检验茶含有 500 多种化学成分，其中包括很多丰富的生物活性物质。同时它所具有的保健功效和药用价值早已被人们所知晓，例如有生津止渴、解腻、解肥、解酒、利水、通便、清热解毒、祛痰、安神除烦、养生益寿，等等。此外，茶还具有抗自由基、抗衰老功效等作用。所以，经常喝喝茶，对身体有百利无一害。

（5）心理健康

现在心理因素在现代人的健康当中起着至关重要的作用，由于现在人们来自各方面的压力越来越大，活动越来越少，很多心理方面的疾病威胁着当代人的身体健康。有句古话："忧则伤身，乐则长寿。"而持续的心理紧张和心理冲突造成精神上的疲劳，这会严重影响我们的工作效率，严重损害我们的免疫功能，从而容易遭受疾病的攻击。特别值得注意的是，不良心理状态是可以积累的，如果没有得到及时地发泄，最终会导致疾病。

第三节　中老年常见慢性疾病及预防措施

目前，医学界认为慢性病已是造成人类残疾和死亡的最主要问题。在我国，几乎 80％的死亡可归因于慢性病。据世界卫生组织报告，2008 年中低收入国家由高血压、心脏病、脑卒中、肿瘤、糖尿病、慢性呼吸道疾病等造成的死亡占全世界的 80％，且呈快速上升和年轻化趋势。

由于慢性病的种类繁多，本书只选择了 9 种常见的慢性病来进行介绍。

1. 老年痴呆症

老年痴呆症，又称阿尔茨海默病（AD）是一种持续性高级神经功能活动障碍，即在没有意识障碍的状态下，记忆、思维、分析判断、视空间辨认、情绪等方面的障碍。它是现代老年人最常见的一种慢性疾病，最典型的表现就是健忘，不认识自己的亲人，不记得回家的路，记忆力急剧下降，到后期手脚开始发抖，大小便失禁，自己的日常生活不能自理。

1.1 老年痴呆形成的病因

老年痴呆的病因尚未十分明确，但我们所知道的很多因素都会引起老年痴呆。例如脑部疾病（脑变性疾病、脑血管疾病、脑部肿瘤等）、长期服用药物引起的副作用，还有脑部受到重创、长时间被负面抑郁情绪所影响等都会间接导致老年痴呆的形成；还有就是遗传因素，国内外研究都证明，老年痴呆患者的后代患上此病的可能性非常大

1.2 老年痴呆症的治疗

老年痴呆症的治疗一般分为一般治疗（常规治疗）和药物治疗等。但是到目前为止，还没有有效的方法去根治此病，不管采取什么样的方式，最好的结果就是维持和改善患者的状态，使其不再恶化。

一般治疗：

由于老年痴呆症涉及很多学科，例如精神科、神经科、内科等，所以对它的治疗要从多方面来同时进行，而且要比其他的疾病细致。此外，还要定期地观察病人的病情，早发现早治疗，及时住院，其家属还要学习安全和护理知识。对患者应该限制其外出或陪伴外出，饮食上应多食用富含卵磷脂、维生素 A、维生素 E、锌、硒等微量元素的事物，严格限制铝制品的使用等。

1.3 老年痴呆症的饮食调理

对老年痴呆症的治疗除了药物治疗以外，我们还应该注意饮食方面，通过控制饮食结构和饮食习惯来慢慢调节生理状态，再结合药物的治疗会达到意想不到的效果。有研究者发现，咀嚼口香糖是增加海马功能的有效方法，对预防老年痴呆很有好处。另外，为了有效地预防老年痴呆症，老年人应该多吃鱼、大豆及其制品、常服卵磷脂、及时补充叶酸等，但在吃的时候不能吃得过饱，只要能够严格得控制好自己的习惯就有可能有效地帮助老年人预防老年痴呆的发生。

1.4 老年痴呆症的家庭护理

对于已经患上老年痴呆症的老年患者来说，家庭的护理过程是非常重要的环节，家人的细心呵护是改善老年痴呆症的重要因素。但我们在对老年痴呆症患者进行护理的时候，要注意方式和方法，在相处方法上，我们的行为举止要自然，不要表现得过分夸张，说话语速要平缓，不要对他大吼大叫，尽量说得简洁明了，还要尽量保持微笑、亲切的表情；在饮食起居上，家人最好能够给他们设置一个饮食起居表，对他们的日常生活用品进行分类并贴上标签，并作详细注明，还应该注意的是在明显的地方，贴上提示字条，让他们及时关掉家用电器的电源、煤气阀门等。另外要给患者做一张卡片，写上详细的家庭地址、电话等，便于患者走丢后及时找回。

1.5 老年痴呆症的预防

老年痴呆症要提前预防，这就要从我们日常生活的一些小事做起。我们要合理调节膳食，少吃盐，每天进行适量的运动，增强体质。还要养成良好的生活习惯，戒烟戒酒，并适时补充身体所需的矿物质，但避免铝的摄入。平时应该培养多种兴趣爱好，充分调用我们的大脑。另外还应该多与人交往，丰富自己的生活，这样都有利于我们大脑的活动，防止大脑变迟钝。还有就是保持家庭和睦，保持心情舒畅，这是拥有良好免疫系统的关键。

2. 癌症

癌症，医学术语亦称恶性肿瘤，它是由于细胞发生癌变之后生长增殖机制失常而引起的疾病。癌细胞它可以无限制、无止境地增生，大量消耗患者体内的营养物质，并释放毒素，使人体产生一系列的症状；它还有一个特点就是可以转移，转移到其他的组织，使其受到损害。而与之相对的有良性肿瘤，良性肿瘤则容易清除干净，一般不转移、不复发，对器官、组织只有挤压和阻塞作用。

2.1 癌症的种类

癌症主要有四种：癌瘤、血癌、肉瘤、淋巴瘤。

常见的癌症有血癌（白血病）、骨癌、淋巴癌（包括淋巴细胞瘤）、肠癌、肝癌、胃癌、盆腔癌（包括子宫癌，宫颈癌）、肺癌、脑癌、神经癌、乳腺癌、食道癌、肾癌等。

2.2 癌症的病因

人为什么会得上癌症？让我们一起来了解下：人体细胞的电子容易被那些不饱和电子物质夺走，而被夺走电子的蛋白质分子支链上就会发生烷基化，发生畸变而致癌，它进而破坏邻居的细胞分子，使它们发生癌变。这样，恶性循环就会形成大量畸变的蛋白分子，这些畸变的蛋白分子繁殖复制时，基因突变。形成大量癌细胞，最后出现癌症。

医学界给出的癌症病因是：机体在外界各种致癌因素或致癌物质例如环境污染、化学污染（化学毒素）、电离辐射、自由基毒素、微生物（细菌、真菌、病毒等）及其代谢毒素、遗传特性、内分泌失衡、免疫功能紊乱等因素作用下导致正常细胞发生癌变的结果，常表现为：局部组织的细胞异常增生而形成的局部肿块。癌症是机体正常细胞在多原因、多阶段与多次突变所引起的一大类疾病。

2.3　癌症的预防

首先要养成良好的生活习惯，要多喝水，勤排尿，及时排除体内有害的物质，减少有害物质对上皮细胞的刺激而发生癌变。我们知道吸烟已成为世界性的社会公害，严重影响着身边的每一个人，吸烟可以导致肺癌和喉癌等，而且吸烟者患癌的概率远远大于不吸烟的，鉴于此，要想让绝大多数人远离癌症，每个人都从自己做起，这是非常重要的。不论对哪一个年龄层的人而言，抽烟是极度危险的，而且会导致癌症。另外平时还应该多喝蔬菜汁，例如胡萝卜汁、芦笋汁、苹果汁、葡萄汁等，因为其中富含维生素和抗氧化成分，便于机体吸收消化；洋葱和蒜头也是很好的保健食品。在饮食的过程中，还要尽量避免高脂食物，因为高脂食物是癌细胞的助长剂。还应该多食富含硒的食物，因为科学研究发现，血液中含硒的多少与癌的发生息息相关。目前癌症治疗中使用硒辅助治疗十分普遍。常用的补硒制剂有新稀宝、硒维康等。

3. 糖尿病

糖尿病（diabetes）是由于各种外在因素和内在因素例如遗传因素、免疫功能紊乱、微生物感染及其毒素、自由基毒素、精神因素等导致机体的胰岛功能减退、胰岛素抵抗等引发的糖、蛋白质、脂肪、水和电解质等一系列代谢紊乱综合症，临床上以高血糖为主要特点，典型症状有多尿、多饮、多食、消瘦等表现，即"三多一少"症状。它可分为Ⅰ型糖尿病和Ⅱ型糖尿病。而在糖尿病患者中，Ⅱ型糖尿病所占的比例最高，约为95％。

Ⅰ型糖尿病常常发生于青少年的身上，是由于体内胰腺分泌功能障碍，而导致胰岛素分泌不足，只有依赖外源性胰岛素补充以维持生命。产生的原因主要是由于感染、饮食不当引起的。婴幼儿患病特点常以遗尿的症状出现，多饮多尿容易被忽视，有的直到发生酮症酸中毒后才来就诊。

而Ⅱ型糖尿病常常发生在中、老年人身上，胰岛素分泌活动正常，有时过多，就是缺少胰岛素受体，机体表现出对胰岛素不敏感，医学上称之为胰岛素抵抗。它是指体内周围组织对胰岛素的敏感性降低，外周组织如肌肉、脂肪对胰岛素促进葡萄糖的吸收、转化、利用发生了抵抗。临床观察胰岛素抵抗普遍存在于Ⅱ型糖尿病中，高达90％左右。

3.1 糖尿病的常见病因

导致糖尿病的因素有很多，它可以分为以下几种类型。

对于Ⅰ型糖尿病来说，主要是由于自身免疫系统缺陷导致的：因为患者体内血液中过多的免疫抗体如谷氨酸脱羧酶抗体（GAD抗体）、胰岛细胞抗体（ICA抗体）等会损伤人体胰岛分泌胰岛素的B细胞，使之不能正常分泌胰岛素。而对于Ⅱ型糖尿病来说，导致患上这种病的因素就很多，例如遗传因素：因为Ⅱ型糖尿病也有家族发病的特点，研究证实了这很可能与基因遗传有关；再就是肥胖，这是导致Ⅱ型糖尿病的重要因素，所以保持运动，控制饮食，保持好身材是非常有必要的。而对于妊娠型糖尿病来说，妊娠时体内多种激素虽然对胎儿非常重要，但它们可以抑制母体体内胰岛素的作用，从而产生糖尿病。

3.2 糖尿病的并发症

事实上，糖尿病本身是不可怕的，它是可以通过药物控制的，而真正可怕的是它所引起的并发症。糖尿病可以引发一系列并发症，例如心血管疾病、肾脏病变、足溃疡等。

（1）心血管病变

对糖尿病的控制治疗必须长期坚持贯彻执行，但在这个过程中，我们应该及早处理好各种心血管问题，特别是高血压，所以我们在利用药物控制糖尿病的同时，也要考虑到药物对体内糖、脂肪、钾、钙、钠等代谢是否有影响，例如失钾性利尿剂（噻嗪类）通过抑制钾和钙离子进入β细胞而达到抑制胰岛素释放，最后导致血糖升高。另外不少降压药还会引起其他的副作用例如阳痿，心肌梗死等。近年来还发现糖尿病性心肌病在严重心力衰竭及心律不齐时仅有 T 波低平倒置，应及早严格控制糖尿病和高血压，应用辅酶 Q10 和第二代钙离子通道阻滞剂等，1-肉碱可改善心肌功能，也可试用。

（2）肾脏病变

糖尿病早期的时候是可以治愈的，所以糖尿病早发现就能早控制。而对于肾脏病变的早期阶段，只有极少量的白蛋白尿期，此时使用血管紧张素转换酶抑制剂都可以使其减少尿白蛋白的排泄量。也可以根据血压高低，使用卡托普利、依那普利等。

（3）足溃疡

俗称"糖尿病足"，是糖尿病并发症中最常见的一种，如果没有及时发现治疗，后果非常严重，它主要是由于下肢神经病变和血管病变加以局部受压太甚而损伤所致。它也是预防重于治疗。患者要必须特别注意保护双足，每日要坚持用温水洗脚，并用软毛巾吸干趾缝间水分，如有胼胝要及时处理。另外袜子要软，鞋子要宽松，穿鞋前要检查鞋内有无尖硬的异物等。

3.3　预防保健的方法

（1）合理膳食

人们吃的所有食物都来自植物和动物。通过饮食来维持机体的生命活动，以此来维护自身健康。经营养学家研究发现合理地摄入充足的营养，能够改善一代人的健康水平，还可以预防疾病的发生，延长寿命，提高民族素质。

而不合理的饮食习惯，营养摄入过多或不足，都会影响我们的身体健康，例如饮食过度会由于营养过剩而导致肥胖症、糖尿病、高脂血症、高血压等多种疾病，甚至诱发肿瘤，如乳腺癌、结肠癌症等。这不仅严重影响了我们的身体健康，而且会缩短寿命。而长期营养不足，会引起营养不良症、贫血等，特别是对儿童，这会影响到他们智力的生长发育，同时还会影响到人体的免疫力、劳动、学习状态。

（2）适量运动

运动要把握好尺度。运动后感觉全身舒服，没有疲劳感，不影响一天的工作、生活为宜。如果运动过后，一整天都感到疲惫不堪、腰酸腿疼、什么事情都不想干了，这就表示运动过量了。运动过量会导致机体免疫力低下，从而引起疾病，而且运动过量后，还会出现上火、咽喉肿疼、浑身无力、精力不集中等现象。这样不但达不到锻炼的目的，反而会损伤身体。对待运动的科学态度应该是"贵在坚持，贵在适度"。就是说，运动不能一曝十寒，运动必须持之以恒，不可中途而废，即使不能每天锻炼，但每周也要锻炼三到五次并延续下去。为了不引起骨关节的损伤和高能量消耗，中老年人通常不宜进行爆发力很强的短时间运动，而应选择低强度的长时间的运动。

4. 冠心病

和糖尿病一样，冠心病也是全世界的公害之一，美国人将其称之为"时代的瘟疫"。其国内平均患病率为 $6\%\sim49\%$，并随着年龄的增长而增高。现代医学认为，动脉粥样硬化病变起源于少年，植根于青年，发展于中年，发病于老年。

冠心病是中老年人的多发病与常见病，也是死亡率极高的疾病之一。大家还记得 46 岁的笑星高秀敏、60 多岁的古月、70 岁的马季、82 岁的著名导演谢晋等都是死于与冠心病有关的心脏病。因为，冠心病发生心肌梗死后最佳抢救时间仅几个小时（一般在 6 小时内效果较好）。

4.1　冠心病的病因与机理

冠心病是由于给心脏提供血液的血管发生堵塞而引起的。当冠状动脉腔内存在大量脂质沉着与堆积时，就会阻塞管腔，一旦血管腔被阻塞达到 50％～75％时，就会导致一系列症状例如心脏缺血、缺氧、绞痛、心肌梗死等现象。

那么年轻人的"心梗"与老年人的"心梗"之间有什么不同呢？年轻人的"心梗"主要有三个特点：一是发生前毫无征兆。有些人平日一向健康，从来没有吃药打针，而且临睡前什么征兆都没有，可是次日清晨却僵死在床上。二是不易被发现。在医院检查时完全正常，之后对死者进行尸体解剖时，也没有发现像老年人那种冠状动脉粥样硬化的病理状态。三是起因多样。而吸烟是第一危险因子，其次是高脂血症。另外，还有精神紧张、劳累过度、暴饮烈酒、房事过度或突遭雨淋、餐后冷水浴或严重失眠等都会导致心梗的发生。

4.2　冠心病的治疗

冠心病的治疗工作是非常复杂而精细的，除了家中自备硝酸甘油与救心丸用于临时急救外，最重要的还是要尽快送到有条件的医院，一旦错过了最佳抢救时机，后果十分严重，古月、高秀敏、马季等人的悲剧就是实例与教训。

而对冠心病的治疗方法一般分为药物疗法、介入疗法与手术疗法。药物疗法是比较普遍的，而介入疗法是指通过特殊的器械与方法，将冠状动脉内的沉积物质清除或疏通管腔的方法，如扩张法、支架法等。手术方法是指通过手术，将完全阻塞的冠状动脉段旷置，用自身其他血管（主要是其他部位的静脉）将阻塞的冠状动脉接通，称为冠状动脉搭桥术。这些方法对抢救危重病人起到了很好的作用。

4.3 冠心病的营养治疗与膳食调配

（1）营养治疗

合理膳食控制体重：严格限制热量摄入，减轻体重，严格管好自己的嘴，减少食用脂肪含量较高的食物，改变体内脂肪酸的性质。还要多吃蔬菜水果，补充维生素和矿物质；不能吃得过饱，要少食多餐；不能吃太过油腻的食物；不能吸烟喝酒和食用一切辛辣食物等。

（2）膳食调配

① 推荐食物：谷类、豆类、奶、蛋白、去皮鸡鸭和家禽肉，水煮去汤后的瘦肉，小牛肉和鱼、小虾、蔬菜、水果。

② 少吃的食品：可见脂肪的牛、羊肉，火腿和大虾以及贝类。

③ 禁止食用的食品：肝、肾、脑、蛋黄、松花蛋、墨鱼、鲤鱼、肥肉。

④ 有益保健食品：含膳食纤维素比较多的食物。

5. 骨质疏松症

钙在人体内参与了多种生理过程，例如参与构成身体的骨骼和维护神经与肌肉正常活动、促进体内某些酶的活性、参与血液凝固等生理过程。而且钙的缺失，还会引起一系列的临床病症。尤其是女性在绝经期后，缺乏雌激素使钙质吸收与利用大大降低，会带来一系列骨质疏松性病变。

骨质疏松症是一种我们日常生活当中的常见病、多发病，目前已经成为全球性的公共健康问题。现在被大家称为"无声无息的流行病"，悄无声息地威胁着人们的身体健康。据不完全统计，目前全世界的骨质疏松症患者已经超过 2 亿人。而我国现在已经变成了世界上骨质疏松症患者最多的国家，其人数约占我国总人口的 7% 左右。

5.1 骨质疏松症的表现

（1）疼痛

原发性骨质疏松症最常见的症状就是经常腰背痛，在疼痛患者中其比例约占 75%。疼痛感会沿着脊柱向两侧扩散，平躺或坐立时疼痛感会有所减轻，站立时向后伸展或站立时间过长或者坐立的时间过长时疼痛会加剧，在白天的时候疼痛会有所减轻，但到夜间和清晨醒来时疼痛感会加重，特别是弯腰、肌肉运动、咳嗽、做重体力活时疼痛会更加严重。

（2）身体萎缩、驼背

此情况多在疼痛后出现。脊椎椎体前部几乎多为松质骨组成，而且此部位是身体的支柱，负重量大，尤其第 11、12 胸椎及第 3 腰椎，负荷量更大，容易压缩变形，使脊椎前倾，背曲加剧，形成驼背。随着年龄的增长，骨质疏松加重，驼背曲度加大，致使膝关节挛拘显著。每人有 24 节椎体，正常人每一椎体高度约 2 厘米。老年人骨质疏松时椎体压缩，每椎体缩短 2 毫米左右，身长平均缩短 3～6 厘米。

（3）骨折

骨折是退行性骨质疏松症最常见和最严重的并发症，它不仅增加了病人的痛苦，还增加了他们的经济负担，严重影响了患者的活动，有句俗话"伤筋动骨一百天"，由此可见骨折对患者的生活影响之大，严重的还会影响患者的寿命。据我国不完全统计，老年人发生骨折的概率大约为 63%，尤其是 80 岁以上的女性发生的概率最高。根据临床观察发现骨质疏松症所致骨折在老年前期以桡骨远端骨折多见，老年期以后腰椎和股骨上端骨折多见。据医学理论可知一般骨量丢失 20% 以上时就非常容易发生骨折。而脊椎压缩性骨折的病人有一半左右的病人在发病之前没有明显症状。

（4）呼吸功能下降

胸、腰椎压缩性骨折，患者脊椎会向后弯曲，胸廓发生畸变，会严重影响患者的肺活量和最大换气量。多数老年人都有不同程度的肺气肿，而且肺功能也会随着年龄的增加而降低，例如遇见骨质疏松症所致胸廓畸形，其患者往往会出现胸闷、气短、呼吸困难等症状。

（5）骨质增生

人到中年以后，人体会处于缺钙状态，如果钙一直摄入不足会直接导致低钙血症，而低钙血症会引发一系列严重的病理反应，所以保持血液中钙的平衡，实质上就是维持我们自己的生命。每当钙摄入不足时，人体的血钙自稳系统就会刺激甲状腺激素的分泌来溶解骨钙，以此来增加血钙，维持血钙原来的水平。一般情况下钙代谢正常的人，在短期内缺钙，是不会导致血钙降低的，这主要是由于在正常情况下生命的自我保护机制所造成的。但如果人体长期缺钙而得不到补充的话，血钙的平衡就会被打破。就会刺激甲状旁腺，大量地分泌甲状旁腺素，使其过量，进而引起骨钙的流失，而血钙的含量增加的怪异现象。而高血钙刺激降钙素分泌增加，促进成骨，这就是骨质疏松与骨质增生并存的激素基础。骨质增生只是机体对骨质疏松的一种代偿而已。人体用这种代偿作用形成的新骨远不能补足大量丢失的旧骨，本应进入骨骼内部的钙却沉积修补在某些受力最大的骨面上，如颈椎、腰椎、足跟骨等，这就是骨质增生。经常同时折磨中老年朋友的骨质疏松和骨质增生是因为机体缺钙引起的一对孪生骨病。

5.2 骨质疏松症的预防

（1）人体骨质代谢的规律

人体在 30 岁左右的时候骨量会达到峰值，在 40 到 50 岁之间又开始减少。它的含量受到很多因素的影响，如遗传、生活环境、营养状况、运动量、生活方式、激素水平等。从人进入老年期以后，人体的性腺机能减退，激素的分泌减少；另外食量也会变小，钙摄取也会减少。另外，室外活动少，日照时间缩短，维生素 D 合成不足；平时缺乏锻炼，骨骼内血循环减少，骨骼的钙容易被吸收和移出骨外；各种器官呈退行性改变，器质性疾患增多；运动迟缓，反应迟钝，是老年人容易发生骨质疏松性骨折的原因。

（2）警惕骨质疏松诱发的因素

骨质疏松症一般都发生在 65 岁以上，特别是年纪比较大的人群中。据观察发现，白种人比黄种人容易得骨质疏松症，而黄种人又比黑种人容易得，并且家里有骨质疏松病史的其后代一般都比较容易患骨质疏松症。另外也与饮食结构有关系，如果长期吃低钙的食物，会造成营养不良，影响钙的摄取。那些酗酒、抽咽、和咖啡等生活习惯方式都会引起钙的流失。另外需要提一下的就是对药物的使用，如果长期使用皮质激素、巴比妥、肝素等药物，也容易引起骨钙的流失。

6. 前列腺增生症

前列腺增生症又称为良性前列腺肥大症，是中老年男子的常见病、多发病。前列腺增生症的发病率与年龄呈线性关系，它随着年龄的增长而增高，据统计，50～60 岁之间的发病率达 50％，60～70 岁之间的发病率达 70％，而 70～80 岁之间的发病率高达 80％。

6.1 前列腺增生症的常见病因

该病的病因非常复杂，主要取决于两个因素：自然的衰老与睾丸功能的变化。日前医学界一致认为是机体生殖系统内分泌功能紊乱所致。经研究发现前列腺增生的严重程度与游离睾酮、雌二醇成正相关的关系。雄性激素对前列腺的持续刺激并伴随着雌性激素的协同作用，再随着年龄增长而形成前列腺增生肥大。

6.2 前列腺增生症的临床表现

前列腺增生最常见的病变部位就是前列腺的中叶与两个侧

叶，而且随着病情的加剧，增生结节会逐渐长大，压迫、推移残余的腺体而形成清楚、完整的包膜，进而压迫尿道，产生排尿困难及尿潴留等症状。

临床症状主要取决于前列腺增生肥大的程度以及对尿道和周围组织器官的压迫的情况如何，主要的症状有以下几种：

① 尿频：这是早期的症状，尤其是夜尿次数增多，这是由于前列腺增生肥大压迫尿道，刺激膀胱，并使膀胱有效容尿量减少，于是出现了频繁排尿的状况。

② 排尿困难：一开始会表现为尿等待，通常要等待好长时间才能排出来，往后就会发展成排尿困难，排尿无力，尿不尽，尿流射程明显缩短，经常尿湿鞋袜、裤腿等现象。

③ 尿失禁：膀胱中长期滞留一定的尿液，而当它的量达到一定程度时，会导致膀胱内的压力增高，当压力超过一定时，就会情不自禁地流尿。

④ 血尿：增生的前列腺腺体表面充血，毛细血管容易破裂而出血，伴随着血块形成与堵塞，排尿困难及尿潴留会格外严重。

⑤ 全身症状：前列腺晚期会因尿道堵塞而造成肾功能减退，从而引起一系列全身性尿毒症症状及体征。

6.3　前列腺增生症的治疗

前列腺增生肥大，会给男性患者带来各种麻烦和痛苦。被前列腺包绕的那部分尿道受到强行压迫，引起排尿不畅或排尿困难等一系列泌尿系统症状，因此必须给"发胖"的前列腺"减肥"。

目前，医院里对前列腺增生的治疗措施有两种：药物治疗与手术治疗。

（1）药物治疗

治疗的药物主要分为以下几种：

① 改善症状药物：最常用的药物就是α-肾上腺素受体阻滞剂，例如，盐酸阿夫唑嗪、坦洛新、特拉唑嗪等药物，它们主要

是通过调节膀胱出口处的神经、肌肉等的功能，减少尿道的所受阻力，能够帮助患者的排尿功效，但是达不到给前列腺真正的"减肥"目的。

② 抑制前列腺增生的药物：这类药物可以真正地从根本上治疗前列腺肥大的症状，例如非那雄胺，它的主要作用就是有效地抑制 5α-还原酶的活性，显著降低前列腺腺体内双氧睾酮的水平，起到"釜底抽薪"作用，从而达到为肥大的前列腺"减肥"的目的。还有一些药物，例如普适泰、美帕曲星、塞润榈质固醇片等，与保列治一样也具有一定的"减肥"作用。

③ 其他药物：如尿塞通片（通尿灵），具有阻止前列腺生氏因子的作用，若能与上述药物配合使用，可以加强治疗效果。以上药物必须在泌尿科医生指导下安全使用。

④ 中医中药治疗：中医认为本病的病位在尿道、膀胱。膀胱为"六腑"之一，所以其治疗应本着"六腑以通为用"的原则，着眼于通。既着眼于全身功能的调节，又不能忽视局部的"瘀滞"病变，贯穿于疾病的始终、故通之法，需根据不同症候而设。

实证治宜清湿热，散瘀结，利气机而通水道；虚证治宜补脾肾，助气化，佐以化瘀、软坚，以达到气化得行，小便自通的目的。总之不论使用何法，都应寓软坚散结、活血化瘀于诸法之中，达到标本同治。

（2）手术疗法

倘若肥大的前列腺"减肥"治疗并不理想时，医生只好采取一些强行措施为肥大的前列腺强行"减肥"治疗。举出几种常用手术方法：

① 经尿道前列腺切除术：采用特殊的内镜由尿道口插入，并利用高频电流切除尿道四周增生的前列腺组织，缓解其对尿道的压迫状况。

② 经尿道激光前列腺切除术：利用内镜自尿道外口引入激光光纤维，利用激光的能量去凝固和消除增生的前列腺组织，达到治疗目的。

③ 经尿道气化前列腺切除术：利用内镜自尿道引入特殊的气化电极，通电后可使部分增生的前列腺组织产生气化、破坏，达到"减肥"目的。

④ 前列腺微波及射频热疗法：利用能产生微波或射频的仪器所产生的热能作用于前列腺增生组织，让其受热后坏死，使得尿道重新通畅。

⑤ "单刀直入"：手术切除肥大的前列腺，达到彻底根治，一劳永逸的目的。手术疗法有四种路径，即耻骨上经膀胱前列腺切除术；耻骨后前列腺切除术；经会阴部前列腺切除术；经尿道前列腺切除术。由于开放性手术疗法损伤大，并发症也较多，目前多不采用。随着腔内泌尿外科学的日益发展，不施行开放性手术治疗，而经尿道，在内镜的帮助下进行肥大前列腺切除术日益受到欢迎，得到医患双方的青睐。

6.4 前列腺增生症的预防措施

目前对于引起前列腺增生肥大的确切病因尚不是十分清楚，而且此病的最大特点就是隐蔽、进展缓慢，早期时没有明显的症状，所以一旦检查出来通常已经进入了中期或晚期。所以，对于前列腺增生这个疾病来说，积极预防胜于治疗，这是每位男子，尤其是 40 岁以上男子的"当务之急"。首先，我们要养成良好的个人卫生习惯和生活方式，这是最基本方法，也是最重要的预防方法，例如每日清洗下身，多饮水，莫憋尿，控制性交频度，更不能涉足不洁性交等，这些措施对于防治前列腺疾病都有一定作用。因为某些治疗前列腺增生症的药物或多或少会对正常的性功能产生一定的影响，但是前列腺增生症本身并不是性生活的禁忌证，所以没有必要分床而卧、分房而宿。

7. 乳腺疾病

乳腺病是现阶段危害女性健康的主要疾病之一，危害着广大的女性。现在由于生活方式、环境因素等导致乳腺癌的发病率越来越高，使其变成了女性的普遍病、常见病。它通常会表现出三大症状，对这三大症状能够充分了解，可以有效地预防乳腺病的发生发展过程。

7.1　乳房疼痛

女性通常在哺乳期的时候乳房会出现胀痛，并伴随有红、肿、热现象，而且患处会变硬。但如果先期出现乳头皲裂的情况，这很有可能是乳腺炎。如果一侧乳房呈间歇性弥漫性钝痛、串痛，这一般是与女性的月经周期和情绪变化有很大关系，这有可能就是乳腺上皮增生。

此外，女人在青春期、经前期、孕期、产后、性生活后以及人流后都可能发生乳房胀痛的现象，这通常是生理性的疼痛，过一段时间会自行消失，而不需要特殊治疗。

7.2　乳内肿块

如果双乳内同时或相继出现多个大小不等的圆形结节样肿块，但不粘连，此现象多为乳腺增生病；而如果肿块呈结节状，质感较硬，且与皮肤粘连在一起，无法分清边界，此现象可能是乳房结核；若乳房内有单个肿块，并不粘连在乳头皮肤上，没有明显的疼痛感，质地坚硬，无法分辨界限，难以移动，生长速度较快，这种现象通常是乳腺癌的早期症状。这时，女性就应该特别留心了，及时去医院检查就诊。如果没有及时发现，让其继续发展的话，其乳头会发生内陷，乳房的皮肤会变成橘皮色，疼痛感较强，这就表明已经是乳腺癌晚期了。

7.3　乳头溢液

更年期、绝经期已经乳腺增生患者女性多会出现乳头溢液的现象，且其液体为无色透明的液体。如果液体是乳白色的，那有可能是非病理性的乳汁滞留；但如果是黄绿色脓性液体，则多是乳腺的慢性炎症。不管是上面的哪个症状，最好及时到医院进行仔细检查。

7.4　乳腺疾病种类及治疗方法

（1）乳腺增生

乳腺增生疾病是指乳腺组织的良性增生，主要可以分为乳腺组织增生、乳腺腺病、乳腺囊性病变这三种类型。可有乳房疼痛，经前加重的表现，呈周期性，5%～15%的囊性增生病患者乳头溢液，有囊性肿块存在。

治疗：乳腺增生能够及时合理得到治疗是完全可以治愈的。如果没有及时就诊，治疗不当，良性的乳腺增生就有可能恶化，由典型增生发展为非典型的增生，继而可能演变成癌症的危害性，我们应该给予足够的重视，并积极采取预防措施，但由于乳腺增生病非常易复发，所以一定要做定期复查和跟踪治疗，以防癌变。

（2）急性乳腺炎

急性乳腺炎是在乳汁大量积累的基础上，细菌通过乳头进入乳房而引起的急性化脓性感染，常发生于产后未满月的哺乳期妇女，尤其是初产妇为比较常见，此外，在妊娠期、非妊娠期和非哺乳期都有可能发生该病。其主要的特征为乳房结块、红、肿、热、痛伴有发热等全身症状。它的主要原因是由于乳汁的堆积，无法顺畅排出所致，再加上产后免疫力降低，长期哺乳，母亲个人卫生较差，就非常容易发生该病。

治疗：乳腺炎的治疗方法要根据引起它的病因来决定的。如果只是由于乳汁淤积引起的，只需排空乳汁，然后辅以抗菌药物联合治疗就可以了。如果是由于乳头破损而引起的细菌感染引起的，就必须通过抗菌、消炎的方法来治疗。

（3）乳腺纤维腺瘤

它主要是由乳腺的纤维组织和腺管两种成分的增生共同构成的一种良性种瘤，在临床上非常常见。该病主要发生在年轻女性，最常见于 20～35 岁，常于无意中发现乳房肿块，多为单发，也有多发，其形状多呈圆形、卵圆形或扁形，边界清楚，表面光滑，质地实韧，活动度大，多无疼痛，肿瘤大小从 0.3～24 厘米不等，大多在 3 厘米以内。

治疗：临床上根据不同的病情，要进行针对性的治疗，主要是通过活血化瘀，消结散痛的方法治疗。如果肿瘤异常增大，就要及时去医院就诊，以防恶变。

（4）乳腺癌

是指乳腺导管上皮细胞在各种内外致癌因素的作用下，细胞异常增生而发生癌变的疾病，其主要表现为乳腺肿块。这种疾病常发生在 45～60 岁的女性身上，而且近年来趋于年轻化。乳房内的肿块常处于外上方，而且质地坚硬，表面高低不平。经年累月，始觉有不同程度的疼痛，与周围组织粘连，推之不动，皮肤呈"橘皮样"改变，乳头内缩或抬高，若皮色紫褐，上布血丝，即将溃烂。

治疗：这也要根据病情的严重程度来选择，一般早发现早治疗。如果发现比较晚，癌细胞扩散大，甚至出现转移的话，就没有什么行之有效的方法来进行根治，只能通过化疗以减轻病痛，勉强延长存活时间。但如果发现的比较早，癌细胞还没有扩散，此时就可以通过手术切除肿块，剔除癌细胞，术后还要辅以化疗，治愈的可能性非常大。当今社会乳腺癌严重威胁着女性的健康，而且每年死于乳腺癌的女性也越来越多。所以女性朋友一定要定期检查，注意自我的检查，以便早发现，早治疗。

7.5　如何有效地预防乳腺疾病

为了能及时发现乳腺疾病，提倡 25 岁以上女性一定要每月自查乳房。具体方法是：洗浴后站在镜前检查，双手叉腰，身体做左右旋状，从镜中观察双侧乳房的皮肤有无异常，乳头有无内陷，然后用手指的指腹贴在乳房上按顺时针或逆时针方向慢慢移动，切勿用手挤捏，以免将正常乳腺组织误认为肿块。

7.6 远离乳腺疾病的方法

医生在临床经验中发现，乳腺疾病的发病通常是由于不良的生活习惯所导致的。养成良好的生活习惯，密切关注自己的身体健康，特别要注意以下几点：

① 保持正常体重：经研究发现，肥胖是导致乳腺癌的高发因素之一。所以提醒各位女性朋友要尽可能减少高脂肪、高热量的食物摄入，特别是油炸食品的摄入。

② 慎用激素类药物：爱美是女性的天性，有的女性为了让自己的乳房更为丰满而随意服用激素类药物，这样会导致内分泌紊乱，这就增加了乳腺癌发生的危险。

③ 保持良好心态：心理学家告诉我们忧郁、紧张等情绪会引起脂肪栓水平增加。所以保持乐观放松的心态，减少烟酒咖啡等刺激性饮品的摄入对乳房健康是非常重要的。

④ 顺其自然做母亲：调查显示：性功能低下、高龄未婚、高龄初产等患乳腺癌的比率明显高于其他的人群。这主要是因为这类人群体内的激素水平很难维持正常，虽生育但很少哺乳或从未哺乳也非常容易导致乳房积乳，患乳腺癌的危险性明显增加。所以强烈建议女性在最佳生育年龄生育（不要超过 35 岁）下生育，并坚持母乳喂养。

8. 脑中风

"脑中风"是一个中医学病名或术语，现代医学称为"脑卒中"，包括出血性与缺血性两大类，因此称为"出血性脑卒中"与"缺血性脑卒中"。

脑中风分为三种情况：

① 缺血性脑血管病：由于脑血管被血液中凝血块所阻塞，或是动脉血管硬化狭窄，出现脑血流量下降，使该区域大脑细胞由于缺氧而死亡。包括脑梗死、脑血栓形成、脑栓塞、腔隙性梗

死等。

② 出血性脑血管病：包括脑出血、蛛网膜下腔出血、硬网膜外及硬网膜下出血。由于血管破裂、血液渗透到大脑组织中引起的，即通常所说的脑出血。

③ 其他脑血管病：例如血管畸形、多种脑动脉炎、颅内静脉窦及脑静脉血栓，以及由于恶性肿瘤、空气、脂肪进入脑血管形成的栓塞等。

脑中风预防永远是第一位的，尤其是患有高血压及动脉硬化或糖尿病的中老年人更应百倍警惕脑中风。在医生指导下控制好原发性疾病是上策，谨慎小心不摔倒是中策，有了中风的先期症状或感觉及时治疗是下策。

8.1 脑中风的病因与病机

脑中风是一种由于脑部缺血或出血引起的短暂或持久的局部脑组织损害，或单独有一支或多支脑血管的基础病变的疾病。包括静脉和动脉血管病变，伴有或不伴有其引起的急慢性、短暂或永久、局灶或弥漫等脑部的各种结构和功能损害。

脑动脉发生破裂或闭塞而引起局部脑组织血液循环功能障碍，血管病变与冠心病血管病变相一致。若脑血管破裂表现为脑出血性坏死旧称"脑溢血"，若脑血管出现阻塞表现为脑梗塞——缺血性坏死（"脑栓塞"）。病情程度取决于破裂与栓塞的部位及大小。一般表现为头痛、头晕，死亡率达 $45\% \sim 50\%$。据我国统计资料表明，该病出现的后遗症者占发病总数的 80%，生活不能自理者高达 43%，是致残率最高的一种疾病。

8.2 脑中风的治疗

脑中风的治疗方法要分出血性脑血管病的治疗和缺血性脑血管病的治疗，它们的治疗方法不同。出血性脑血管病的治疗又可分为急性期治疗和康复期治疗。急性期治疗首先要保证患者的供养，要及时给他吸氧，防止缺氧。在这基础之上，要运用止血的药物进行止血，防止流血过多而发生危险。还要控制脑水肿，及时降低颅内压力，预防并发症，防止感染。再就是使用脑保护剂或者神经生长因子对大脑进行保护，最后就需要卧床静养，保持平静的心态。而康复期的治疗主要是后期的治疗，就是运用言语和运动功能的康复训练以及一些药物进行综合治疗。必须严格按照医生的嘱咐，在没有医生的允许下，绝对不能搬动或自行转院，因为只要一挪动病人，就有可能引起致命的再出血。再者，康复训练越早越好，只要病情稳定就可以进入康复治疗。

缺血性脑血管病的治疗也分为急性期治疗和康复期治疗。急性期治疗同样首先要保证氧的供给，保持呼吸通畅。再通过药物将血液稀释扩容，防止血小板聚集，扩张脑血管，促进血液的流通，及时防止血栓的形成，通经活血化瘀。而康复期的治疗就与出血性脑血管疾病的治疗基本相同了。

8.3　脑中风预防

在脑中风的发病初期，有些症状例如眩晕、舌头发麻、身体一侧麻木等常常都是发病的信号。病人或家属如能早期识别并加以重视，就能做到及时就医，并争取治疗时机，更好地挽救病人和减少致残率和病死率。有时还能起到预防发病的作用。

9. 高血压病

我国高血压的普遍特点："三高"即患病率高、死亡率高、残疾率高，"三低"即知晓率低、治疗率低、控制率低的特点。据不完全统计，我国成人高血压患病率高达 20%，估计现在全国患病人数为 1.6 亿，而且每年都在大幅度增长，我国已成为世界上高血压危害最严重的国家之一。同时高血压也已经成为中国人健康的"第一杀手"。高血压通常是没有什么症状，可能少数人有头晕、头痛或鼻出血等症状。很多患有多年高血压的病人，甚至血压很高时，仍然感觉不到身体的不适。所以，高血压最大的危害在于它是"无声杀手"，它的突发性，因此大多数的高血压是在体检或因其他疾病就医时测量发现的。一旦发现，不论轻重，都应尽快治疗。

9.1　发病情况

据相关报道：我国心血管病患者人数已达2.3亿，每年支出的医疗费用多达1 300亿元。而且北方高血压的发病率要高于南方，男性要高于女性。更令人担忧的是，高血压患病率也有倾向于年轻人群。据调查35～44岁人群中男性高血压患病的增长率为74％，女性为62％。

9.2　高血压的发病因素

① 性别和年龄：高血压的患病率与年龄及性别有很大的关系。一般来说在35岁前男性的患病率高于女性；而35岁以后女性血压增高的幅度可超过男性。而且不管男女血压都会随着年龄增长而增高。

② 职业：这主要是与生活紧张程度、精神因素、心理因素和社会职业有关。有些职业是高血压的高危行业。

③ 饮食：长期摄入过多钠盐，大量饮酒，长期喝浓咖啡，膳食中缺钙，饮食中饱和脂肪酸过多、不饱和脂肪酸与饱和脂肪酸比值降低等，这些因素均可促使血压增高。

④ 吸烟：吸烟是导致冠心病的危险因子，并可使血压升高。

⑤ 肥胖：肥胖者患高血压的机率是体重正常者的2～6倍。

⑥ 遗传：如果父母双方均患有高血压，其子女患高血压的概率高达45％。但如果双亲血压都是正常的，那么其子女患高血压的概率就仅有3％。

⑦ 地区差异：我国北方地区人群比南方地区高血压患病率高，可能与气候条件、饮食习惯、生活方式有关。

⑧ 精神心理因素：精神紧张，不良的精神刺激、文化素质、经济条件、噪音、性格等均可影响血压水平。

9.3 高血压的治疗原则

个体化原则：即对高血压患者用药要因人而异，具体情况要根据医生的安排。

开始时要选用单一的药物，而且食用时都要从最低剂量开始，以减少药物引起的毒副作用。然后再根据此药物的疗效和患者耐受情况酌情增加该药的剂量。

尽量选用一天服用一次，具有 24 小时平稳降压作用的长效药物。

要逐步降压，不能急于求成，这是一个长久的过程。

不骤然停药或突然停掉某一药物。

熟练掌握并坚持使用药物，新药未必是最好的。

尽量选用不影响情绪和思维的药。

长期治疗。

9.4 高血压的预防

（1）合理膳食

要充分控制饮食结构，限制脂肪的过多摄入，尽量少吃肥肉、油炸食品、动物内脏、糕点、甜食，多食新鲜水果、蔬菜、鱼、蘑菇、低脂奶制品等。严格控制好自己一天的营养需求，一般情况下每天早晨 1 杯牛奶，每天一个鸡蛋，少量的肉类，多吃水果蔬菜，例如苹果、梨、胡萝卜、红薯、南瓜、玉米、西红柿等，多餐少食，每餐七八分饱即可。有条件的还可以每天喝点葡萄酒，喝喝绿茶，还应该在饮食中增加一些黑木耳，这些措施对预防高血压很有好处。

（2）适量运动

适量的运动是保持身体健康的保证。但要注意方式方法，比如我们可以进行步行、慢跑、登山等有氧运动，但是运动的量一定要控制好，例如每天步行半个小时，每周运动 5 次左右等，切不可运动过激，通常以自己的心率来衡量。比如 50 岁的人，运动后心率要不超过 120 次/分，60 岁的人，运动后心率要不超过 110 次/分，如果运动过激，不仅对身体没有益处，还会引起其他的疾病。

（3）戒烟限酒

戒烟限酒这是对所有疾病的忠告。据统计吸烟导致急性心肌梗死的危险系数高达为 43.3%。同时发现吸烟对心肌梗死的危害系数与吸烟指数（吸烟包数/日×吸烟年限）的平方成正比，吸烟量大 1 倍，危害为其 4 倍，吸烟量大 2 倍，危害达其 9 倍。酒与烟不同，酒对心血管有双向作用。

（4）心理平衡

保持良好的快乐心境，这是拥有健康的基础，它几乎可以抵抗其他所有的内外不利因素。相关专家指出：良好的心境能够使机体的免疫机能处于最佳状态。

第四章
神奇的蜜蜂王国

爱因斯坦曾预言，如果蜜蜂消失了，"人类将只能存活 4 年"。由此看来，蜜蜂对于我们人类来说是极其重要的。下面我们将一起来认识一下神奇的蜜蜂王国。

第一节　蜜蜂王国的成员

蜜蜂是一种营群体生活的昆虫，一群蜜蜂由几千只到几万只蜜蜂组成。一群正常生存的蜜蜂，通常由一只蜂王、成千上万只工蜂和只在繁殖季节才出现的几十只到几百只雄蜂组成。蜂王、工蜂和雄蜂通称三型蜂。

1. 蜂王——蜜蜂王国的"母亲"

蜂王，它既是蜜蜂王国的女王，也是蜜蜂的"母亲"，它是由一颗产在王台里的受精卵发育成熟的雌性蜂。

蜂王从卵、幼虫到蛹的生长发育时间总共 16 天，在这段时间内它始终食用蜂王浆，新蜂王就从王台里出来，叫"出房"。

新的蜂王出房后，由于身材比较窈窕，行动非常敏捷。它出房后 3 天就开始出巢试飞，第一次试飞是为了熟悉蜂箱周围的环境，同时也是锻炼飞翔能力，所以不会飞出去多远。第二次、第三次飞行便是为了交配，我们称之为"婚飞"，它一般

在一周内选择一个风和日丽的日子下进行，时间一般在午后 3
时左右。

处女王在婚飞时身体散发出一种激素来吸引雄蜂追逐。它一
次婚飞可以同一只或几只雄蜂交配来获取足够多的精液，如果不
够的话，还会进行第二次或第三次婚飞。它获得的精子贮存在体
内的贮精囊内，来供终身产卵受精用。

当蜂王交配完回巢后，工蜂会立即用蜂王浆来饲喂蜂王，在
短期内蜂王的卵巢会迅速发育，腹部迅速膨大，在第二、三天就
开始产卵。一只优良的蜂王的产卵力是相当惊人的，每天可产卵
2000 颗左右。这些卵的总重量比它自身的重量还要重，这种产
卵能力在自然界实属罕见。

更加神奇的是，蜂王可以通过触角丈量巢房的尺寸，据巢房
的大小，产下不同的卵。它在较小的巢房里产下受精卵，发育成
工蜂；而在较大的巢房里产下未受精卵，发育为雄蜂；在王台内
产下受精卵，发育为蜂王。这种现象在自然界也是非常罕见的。

2. 工蜂——辛勤的劳动者

工蜂是生殖器官发育不完善的雌性蜂，它是由受精卵发育而
成，由卵、幼虫、蛹至出房，需要 21 天。工蜂是蜂群内哺育、
采集、清洁、筑巢、保卫等一切工作的承担者。工蜂的分工，是
尽所能，按不同日龄进行的。蜜蜂的童年时期为 10 天左右，力
所能及地挑起喂养蜂王、蜂幼虫的重担，担当起蜂群中的保姆任
务。10 天后，便进入了青少年时期。这时蜜蜂腹部的腊腺，开
始分泌蜡质，这就是蜂蜡。蜜蜂出生 20 多天后，便进入了中老
年期，蜜蜂开始纷纷飞出蜂房，由内勤改为外勤，担负起一生中
最繁忙的采集花蜜、花粉、蜂胶等任务。它们日出而作，日落而
息，一直劳累到体衰力竭而死。老年工蜂具有巨大的自我牺牲精
神，当蜂群收到外敌入侵时，老年工蜂奋起迎击入侵者，当它用
唯一的武器——螫针刺入敌人体内时，它的腹部末端会连同螫针

一起，断留在敌人的体内而英勇献身。

工蜂的一生是短暂的，更是辉煌的。工蜂的寿命一般为1～3个月，在夏天高温的繁忙采集季节，工蜂的寿命会短些，在温度较低的非采集季节，工蜂的寿命会长些。

3. 雄蜂——蜂群中的"花花公子"

每年，当蜂群里需要雄蜂的时候，蜂王便在"雄蜂房"产下没有受精的卵，这样的卵发育成的是雄蜂。它一般在蜂群的繁殖季节才会起到实际的作用。它的体型比工蜂大一倍多，它的雄性生殖器官相当发达，但其上颚退化，吻舌短小，各种腺体发育不全，乃至没有保护自己攻击敌手的武器——螫针，不具备采花酿蜜、泌蜡造脾、保家卫国及自食其力的能力，只食不做，游手好闲，它的唯一使命就是与处女王交配，因此，有蜂群中的"花花公子"之称。

第二节　蜜蜂的语言

蜜蜂之间靠什么来交流？这个问题很早之前就引起了国内外学者的兴趣，并得出了一致的结果：蜜蜂是用舞蹈方式来彼此交流的，它们可以通过舞蹈来告诉它的同伴蜜粉源的方向和距离，以及蜜粉源的优劣等信息。它们还能够感知太阳的位置，就像拥有眼睛一样可以看得见。

与蜜粉源地点有关的舞蹈基本上是两种：圆舞和"8"字形的摆尾舞，在这两者之间还有过渡的镰刀形（或新月形）舞。

1. 短途舞（圆舞）

侦查蜂的飞行一般是围绕着蜂巢的，当它在半径小于50米的地方采到花蜜时，当它返回巢脾时，它会在同伴之间安静地待一会，然后将花蜜吐出给同伴品尝，然后开始在一个地方跳舞，一会儿向左转圆圈，一会儿向右转圆圈。而离它最近的几个同伴会迅速地跟在它后面爬，并用触角触到舞蹈蜂的腹部。这种舞蹈我们称之为圆舞，它主要是告诉同伴蜂巢附近有蜜源，动员其他同伴出去采。

2. 长途舞（摆尾舞）

当侦查蜂在半径超过 100 米的地方采到花蜜时，它返回巢内并吐出花蜜给同伴分享，就开始跳起"8"字形的摆尾舞。这种舞蹈是为了告诉同伴蜜源的方向以及蜜源的距离。这种舞蹈要比圆舞复杂得多，它跳舞的方向与太阳、蜜源和蜂巢这三者之间位置有着紧密的关系。当蜜源、太阳和蜂巢处在同一方向，并在同一条直线上时，它在巢脾表面先向一侧爬半个圆圈，然后头朝上爬一直线，同时左右摆动它的腹部，爬到起点再向另一侧爬半个圆圈。如此反复在一个地点作几次同样的摆尾舞，再爬到另一个地点进行同样的舞蹈。这种舞蹈可以告诉它的同伴出巢后朝着太阳飞就会找到蜜源。但如果蜜源处在太阳相反的方向，它在跳摆尾舞时，在直线爬行摆动腹部时会改变头部的方向，不是朝上而是朝下。而当蜜源不在蜂巢和太阳同一连线上，而是呈一定角度时，它在直线爬行摆动腹部时，头部会与其自身的重力线也呈一定角度。这是非常神奇的，这一点也吸引国内外广大学者对其产生研究的兴趣。

第三节　蜜蜂的住宅

蜜蜂是一种优良的社会性昆虫，它从白垩纪一直生存至今，繁衍生息，并为我们带来了蜂蜜、蜂王浆、蜂胶、花粉以及蜂蜡等许许多多的恩惠。

谈到蜜蜂的巢房是一件让人兴奋的事情，因为它确实是令人惊叹的神奇天然建筑物。它是由一个个小六角形房室组成。这种结构用料最少，占用面积最小，而且大小匀称，排列规则，着实让人类建筑师叹服。工蜂在这些精致的巢房中哺育幼虫，贮藏蜂蜜和花粉，它在建筑蜂巢的时候，以防止蜂蜜流出，特意使蜂巢形成向上的 10°左右的角度。如果仔细观察一下蜂巢，就会发现它是由无数六角柱状体的小房子联合起来的，房底呈现六角锥体状，它包括六个三角形，每两个相邻的三角形可以拼成一个菱形，一个房底是由三个相等的菱形组成的。

第四节　蜜蜂的行为

1. 花蜜的采集与酿造

蜜蜂酿造蜂蜜的原材料来源于植物的花蜜、蜜露和甘蜜。植物分泌含糖的花蜜是为了招引昆虫为其传粉受精。但蜜蜂对于花蜜的浓度也很挑剔，在百花盛开的季节，它们专门采集那些花蜜比较多的，糖浓度比较高的植物花朵。但是在蜜源稀少的季节，它们也别无他法，也会采集那些花蜜少而且浓度低的植物花朵。除了花蜜外，蜜蜂还采集某些植物的花外蜜腺或某些昆虫分泌的甜汁。

我们吃蜂蜜时感觉非常甜蜜，但我们无法想象蜜蜂采集花蜜的辛苦，例如蜜蜂为了酿造 1 千克的蜂蜜，采集蜂就必须采 180 万左右朵花。在主要流蜜期，它们的采集次数会跟着植物的泌蜜量、天气、蜜源距离等因素的变化而变化。蜂群中采集蜂的数量与群势大小、采集蜂的日龄以及在巢内分担工作量的多少有关。例如群势大、壮年蜂多和巢内工作量少、活跃度比较高的蜂群，到外面采集的蜜蜂数量就多，就能采集更多的采集物。

蜜蜂在采集花蜜的时候，会随即加入含有转化酶的唾液，这个转化酶可以将花蜜中的蔗糖转化成葡萄糖和果糖。当采集蜂回到巢房后，会立即吐出花蜜，并将花蜜与其他内勤蜂分享。内勤蜂接受到花蜜后，会立即爬到巢内不太拥挤的地方，头部朝上，保持一定位置，张开上颚，整个喙不断抽缩，然后整个喙的端部弯褶部分稍稍展开，口前腔就会出现一小滴花蜜。随着整个喙重复抽缩，喙端部跟着反复开合，张开角度也逐渐增大，所吐出的蜜珠也逐渐增大。蜜珠增大到一定限度以后，为下颚所拉引，蜜珠下方便出现凹面。这时喙端部继续展开，直至蜜珠形状消失，再收合至静止位置。内勤蜂完成一次上述一系列动作，一般需要5～10秒的时间。这种程序周而复始地进行。

另一方面，在酿造蜂蜜的时候，蜜蜂为了加快蜂蜜水分的散失，它们会自己扇风加快水分蒸发，加快蜂蜜的浓缩。当这部分的蜂蜜酿制完成之后，这些内勤蜂便开始寻找其他空的巢房，储存这些未成熟的蜂蜜，再进行酿造。

当蜂蜜成熟后，便被集中转移在边脾和产卵圈的上部或两侧的巢房里，而且内勤蜂还会分泌蜡质，将贮满的蜜房封盖，以利长期保存。由花蜜酿制成熟的蜂蜜所需要的时间会随着花蜜的浓度、蜂群群势、采集量、当时空气干湿度与巢内通风情况的变化而变化，一般需要5天左右。

2. 蜂花粉的采集

蜜蜂为了采集花粉，它在形态构造上也表现出极高的适应性。在采集花粉的过程中，蜜蜂会充分利用它的6只足、口器和全身绒毛。当蜜蜂发现粉源后，便落在花上用喙润湿，舔沾花粉，并用前足在雄蕊上采集花粉。采集完花粉后，它会用前足收集头部所黏附的花粉，并传给中足。中足也会收集胸部和腹部所黏附的花粉，再传到后足的花粉梳上，然后经两后足的花粉梳交互送到相对的花粉耙上聚集，最后把花粉集中在花粉筐中，堆积和固定成团状，使两个花粉筐载重量均衡一致，以便飞行。

当采集蜂回巢后，它们就会将花粉装在靠近产卵圈上部和两侧的空巢房中，在卸载花粉的时候，它会先将腹部和后足伸入巢房，然后用中足上的基跗节将花粉团铲落房内。花粉团卸完后，内勤蜂会用其头部将花粉团嚼碎顶实，在这个过程中还会吐入少量的蜂蜜润湿花粉。储存的花粉会通过自身携带的乳酸菌来进行发酵，将其中的糖分进行转化，转化后的花粉便成了蜂粮。当蜜蜂在花粉房中储存 70% 左右的蜂粮时，它会在蜂粮的表面加上一层蜂蜜，然后用蜡封盖，长期保存。

3. 蜂胶的采集

蜂胶是蜜蜂从植物新生枝芽上采集的树脂。而当蜜蜂需要利用树脂时它还会加入蜂蜡等分泌物形成蜂胶。蜂胶是胶状固体，呈棕绿色至棕红色。

遇到晴暖天气时，胶源植物表面会分泌树脂，呈小滴状，采集蜂用两前足、上颚采集，然后用中足把这种黏性物质送入后足的花粉筐，并逐渐堆成团块状。当它满载树脂归巢后，就会在巢内等候内勤蜂把树脂从花粉筐中取出使用。内勤蜂会用上颚将树脂撕咬下来，并用上颚腺分泌物来调制成蜂胶，调制好的蜂胶可以用来加固巢脾、填补缝隙，或送至其他需要的地方，这卸载和调制的过程需要数个小时。蜜蜂的采胶活动也与气温有着非常密切的关系，因此，蜜蜂采胶多在夏秋季。所以蜜蜂在寒冷气候来临之前的秋季采胶会更加"勤奋"。

蜂胶是蜜蜂采集植物树脂加上自身分泌物混合而成，蜜蜂一次仅能采回 15 毫克左右的树脂，一群蜜蜂虽有几万只，但采集蜂胶的蜜蜂一般都是老年蜂，数量不多。因此，一群蜜蜂一天生产蜂胶的量只有 0.2～1.2 克，一年也最多也只能生产 100～500 克。我国虽然是养蜂大国，饲养蜜蜂 700 多万群，但能采集生产蜂胶的西方蜜蜂仅占 2/3，每年全国生产的蜂胶也只有 400 吨左右。

4. 蜂王浆的分泌

蜂王浆是工蜂头部的王浆腺和上颚腺分泌出来的浆状物质，一般为乳白色或浅黄色。蜂群只有在外界粉源非常丰富的情况下才能生产出商品浆，平时只分泌给幼虫和蜂王食用。

蜂王和工蜂都是雌性蜂。如果蜂王产的受精卵孵化成的幼虫在整个发育时期完全以蜂王浆为食，则发育成蜂王，若在幼虫期的前3天以蜂王浆为食，以后仅以蜂蜜和花粉为食，则发育为工蜂。一般一个蜂群只有一个蜂王，当蜂群发展强大时，它就要闹分家，于是它就会再培育出一个蜂王来分家。人们就是利用这个自然规律来生产蜂王浆。养蜂人把由蜂王产的卵孵化成的第一天的小幼虫移入到人造王台杯内，以造成培育蜂王的假象，蜜蜂就把蜂王浆吐到人造王台杯内，当杯内的蜂王浆最多时（一般过68～72小时），养蜂人就把生产蜂王浆的王框取出来，把蜂王浆取出来，从而大量生产蜂王浆系列产品。

5. 蜂毒的分泌

蜂毒是工蜂毒腺和副腺分泌出的具有芳香气味的一种透明液体，贮存在毒囊中，螫刺时由螫针排出。毒腺也称酸性腺，产生蜂毒中的有效活性组分，呈酸性。副腺又称为碱性腺，分泌报警激素乙酸异戊酯等挥发物质。

每只工蜂都有一个蜂毒液囊，其中，蜂毒液的含量可随多种因素的变化而变化。与蜂毒液含量密切相关的因素主要有蜂的日龄、蜂饲料的成分、蜂种的差异等。

工蜂的蜂毒液开始于羽化出房前，蜂毒随工蜂日龄的增加而逐渐积累达到一定的剂量，15日龄达到最高，20日龄以后毒腺失去泌毒功能，毒腺开始退化。毒囊储存量保持原状。

　　工蜂的饲料主要是蜂蜜和花粉。蜂花粉是工蜂生成蜂毒所必需的含氮物质，所以花粉季节蜂毒的含量就高。

　　不同的蜂种，其蜂毒液的成分与含量有所差异。一般北方有黑蜂，南方有中蜂，平原有意大利蜂。比较而言，意大利蜂的蜂毒量最多，为适合的医疗用蜂。

第五章
蜜蜂产品与人类健康

第一节　蜂王浆与人类健康

1. 蜂王浆的应用史

　　蜂王浆的应用有着悠久的历史。古埃及史籍及《圣经》等中均有应用蜂王浆的记载，在马可·波罗的游记里也有关于蜂王浆抗病防病作用的描述。而我国在晋代葛洪的《神仙传》中也有关于蜂王浆医疗保健的神奇效果的记载。但研究人员对蜂王浆进行全面研究却是从 20 世纪 20 年代开始，这要从一位加拿大养蜂员的一次无意识行为说起。有一次，他在检测一群失去蜂王的蜂群时，发现了 4 个急造王台，便顺手摘除 3 个，扔给母鸡啄食，第二天啄食王台的母鸡却产下了一个异乎寻常的大鸡蛋，这个现象就引起了他的注意，于是，他就有意给这只母鸡持续饲喂了三个月的蜂王浆，结果这只母鸡每天产的蛋又大又多，这个现象立即引起了科学家对蜂王浆的兴趣。1933 年，法国的养蜂家弗朗赛·贝尔维费尔就开始对蜂王浆进行了多年的研究，结果发现蜂王浆有"返老还童"的神奇作用，并研制蜂王浆药剂出售。1953 年，德国学者卡尔斯路也发现蜂王浆的另外的奇特功能。他的研究结果显示："蜂王浆对老年人的精神平衡和内分泌功能紊乱有良好的疗效。"1954 年，利亚基里西就用蜂王浆挽救了 82 岁高龄的罗马教皇皮奥十二世的生命。1956 年教皇参加国际养蜂会议时，畅谈了服用蜂王浆的切身体会。从此，蜂王浆的神奇作用就更加引起世人的关注。科学家们多年来从化学、生理、药理和临床等各个方面对蜂王浆进行了深入的研究，并取得了辉煌的成果，使蜂王浆成为风靡全球、经久不衰的保健食品和具有医疗作用的药品。

2. 蜂王浆的成分

蜂王浆是一种黏稠状物，比重 1.08。西方蜜蜂的蜂王浆颜色呈乳白色或淡黄色；气息与酚或酸类相似，但略带香气；味道复杂，辛、辣、酸、涩四种味道俱全，以酸为主。pH3.5～4.5。蜂王浆对热敏感，在 130 ℃时很快失效，冰冻条件下性质稳定，在 0～5 ℃能保存较长时间。光线能使蜂王浆中的醛基、酮基发生还原，空气容易使蜂王浆氧化，水蒸气对蜂王浆也有水解作用。

蜂王浆含有蛋白质、脂肪、糖类、维生素 A、维生素 B_1、维生素 B_2、丰富的叶酸、泛酸及肌醇。还有类似乙酰胆碱样物质，以及多种人体需要的氨基酸和生物激素等。

蜂王浆的组分是相当复杂的，它与蜜蜂的种类、日龄、季节的变化、粉源植物有着非常密切的关系。一般来说，其成分为：水份 65%～70%、粗蛋白 11%～15%、碳水化合物 12%～15%、脂类 6.0%、矿物质 0.4%～2%、未确定物质 2%～3.0%。另外蜂王浆种还富含雌激素，它对于更年期妇女具有很好的辅助治疗功效。

蜂王浆中还有丰富的蛋白质，它约占蜂王浆干物质的 50%，其中有 2/3 为清蛋白，1/3 为球蛋白。其中蛋白质的种类有 12种以上。氨基酸的含量约占蜂王浆干重的 1.8%，其中包括人体中所需要的 8 种必需氨基酸，脯氨酸含量最高，占氨基酸总含量的 63%，目前在蜂王浆中已找到 30 多种氨基酸。

蜂王浆还含有少量的核酸，其中脱氧核糖核酸每克湿重

（DNA）210 微克，核糖核酸每克湿重 4 毫克。蜂王浆中的糖类约占 20%～30%（干重），主要包括果糖 52%、葡萄糖 45%、蔗糖 1%、麦芽糖 1%、龙胆二糖 1%。

蜂王浆还含有较多的维生素，尤其是 B 族维生素，主要包括：硫胺素（B_1）、核黄素（B_2）、维生素 B_{12}、烟酸、泛酸、叶酸、生物素、肌醇、维生素 C、维生素 D 等，其中泛酸含量最高。

蜂王浆中脂肪酸的种类有 26 种以上，目前已鉴定出了其中的 12 种，它们是 10-羟基-2-癸烯酸（10-HDA）、癸酸、壬酸、十一烷酸、十二烷酸、十四烷酸（肉豆蔻酸）、肉豆蔻脑酸、十六烷酸（棕榈酸）、十八烷酸、棕榈油酸、花生酸和亚油酸等，其中 10-羟基-2-癸烯酸，含量在 1.4% 以上，由于自然界中只有蜂王浆中含有这种物质，所以也把它称之为王浆酸。

蜂王浆含有 9 种固醇类化合物，目前已鉴定出其中的 3 种，它们分别是豆固醇、胆固醇和谷固醇。另外还含有矿物质铁、铜、镁、锌、钾、钠等。

3. 蜂王浆的药理作用与保健功效

3.1 蜂王浆的药理作用

蜂王浆含有丰富的营养成分和活性物质，这些物质必然会对动物机体产生药理作用。通过动物试验和临床上应用证明，蜂王浆具有多种的生理效应。

（1）蜂王浆对生长发育的作用

经研究发现饲喂适量的蜂王浆，能促进幼年动物的生长发育，加速小鼠、家兔、小羊、小牛的生长，使动物体重明显增加，毛皮增厚，但其体重与蜂王浆剂量并不是呈现直线关系，蜂王浆剂量大了反而会使体重减轻。蜂王浆对因营养不良而引起的儿童生长迟滞，有显著的治疗效果。蜂王浆对老年病有良好的治疗和预防作用，能改变某些衰老现象，有使老人精神焕发等复壮作用。斯密特（H. W. Schmdt）认为蜂王浆能促进内分泌腺的活动，从而改善组织的新陈代谢过程，细胞再生作用也得以加强，使整个机体得以更新。促进少年儿童生长发育，使老年人"返老还童"，保持青春活力。

（2）蜂王浆对物质代谢的作用

蜂王浆能改善糖代谢，促进生物氧化。用组织切片的方法观察蜂王浆（浓度为1∶100）对氧消耗的影响，结果证明服用蜂王浆后组织的耗氧明显增加，一般正常人食用蜂王浆后，其基础代谢率会增加24%。蜂王浆能降低健康动物的血糖，它还有促进蛋白质合成的作用。动物实验证明，如将刚出生30天的大鼠阉割后连续21天日服用蜂王浆冻干粉，每天18毫克，结果表明提肛肌重量明显增加。肌肉注射蜂王浆，其结果相同。蜂王浆还可以降低血胆固醇。在给家兔饲喂高血脂饲料的同时长期口服或注射蜂王浆（每千克体重12毫克），能降低总血脂和胆固醇，对照组则相反。

（3）蜂王浆对组织再生机能的影响

蜂王浆对大鼠有促进肾组织再生作用，经组织学检查表明：切除部分肾的大鼠，在饲喂蜂王浆后很快出现组织再生的现象，如细胞密集出现肾小管等。同样在大鼠肝组织被部分切除后，蜂王浆有促进其组织再生作用。实验还证明蜂王浆对四氯化碳引起大鼠肝中毒有保护作用。蜂王浆对骨髓组织有保护作用，促进造血机能，实验证明通过口服和注射蜂王浆的方法均能增加红细胞的直径，使血红蛋白数量增加，服用蜂王浆后24小时内血中铁含量明显增加，同时蜂王浆还能使血中的血小板数目增多。

（4）蜂王浆对血液循环系统和内分泌系统的影响

给蟾蜍灌胃蜂王浆二次（每次15毫克），或直接将蜂王浆滴到它的心脏部，均能让它的心脏跳动时间延长。如果按每千克10毫克给麻醉猫静脉注射，使它血压明显降低，但对呼吸没有影响。蜂王浆浓度为1∶1 000时，实验证明蜂王浆有降低血压和扩张心血管的作用。蜂王浆有促进性激素的作用，用蜂王浆注射出生后21天的小鼠会使它的卵泡发育加快，而且其作用与蜂王浆注射量成正比关系。蜂王浆还具有兴奋肾上腺皮质系统的作用。

（5）蜂王浆抗肿瘤、抗炎症和抗放射的作用

研究者在小鼠上进行了反复试验验证，给饲喂蜂王浆的小鼠组接种癌细胞，该组小鼠能存活1年以上，而且仍然健康；另一组接种癌细胞不饲喂蜂王浆的小鼠组在21天内全部死亡。蜂王浆能够产生抗癌作用的最有效成分是脂肪酸类物质，其中已经确定的抗癌物质为10-羟基-2-癸烯酸（简称10-HDA）。试验证明，用1毫克10-HDA或100毫升蜂王浆与1毫升腹水癌细胞混合后接种到小白鼠身上，小鼠都没有死亡，这证明10-HDA和蜂王浆都达到了抗肿瘤的效果。蜂王浆有抗炎症的功效。试验证明蜂王浆能显著抑制二甲苯引起的小鼠耳部急性渗出性炎症，对甲醛引起大鼠足趾肿胀和切除双肾上腺的大鼠有抗炎症作用。蜂王浆具有很强的抗菌作用，许多试验证明蜂王浆对沙门氏菌、变形杆菌、枯草杆菌、链球菌等均有显著的抑菌作用。蜂王浆还能提高小白鼠对钴60射线照射的抵抗能力，平均生长时间显著延长。现已确认蜂王浆可作为肿瘤病人放射治疗或化学治疗的辅助用药。国内外许多实验结果表明蜂王浆没有毒副作用。

（6）降脂、降糖作用

用浓度为100毫克/千克和200毫克/千克的蜂王浆给高胆固醇饮食家兔分别连续注射7个星期，均能显著降低血清胆固醇（TC）水平，但对血清磷脂、三酰甘油（TG）等无明显影响。用蜂王浆冻干粉灌喂正常或高脂血症的大鼠，一周之后，正常组大鼠的血浆TG和TC含量均下降，而HDL-C（高密度脂蛋白胆固醇）与TC比值升高；高脂血症治疗组大鼠血浆TG含量也显著下降；正常组及模型治疗组大鼠红细胞流动性均升高，在光学显微镜下可以观察到治疗组大鼠红细胞变形能力增强，血浆纤维蛋白原含量下降，体外血栓形成亦有抑制。

给正常大鼠腹腔注射浓度为1.8克/千克的蜂王浆，可使血

糖显著下降，30毫克/只的剂量也能使小鼠血糖降低。另外，1.8克/千克蜂王浆还可使四氧嘧啶高血糖大鼠的血糖暂时降低，但进食后大鼠的血糖又回升到原来的水平。预先给予蜂王浆2克/只的剂量还能使肾上腺素引起的小鼠高血糖恢复正常血糖水平。

3.2 蜂王浆的保健功效

① 改善营养、补充脑力：蜂王浆中含有丰富的活性成分，如果我们经常食用不仅可以改善营养不良的状况，还能治疗食欲不振、消化不良，可以让人的体力、脑力得到加强。

② 提高人体免疫力：蜂王浆中含有丰富的球蛋白，能明显地提高人体免疫力，当食用蜂王浆一段时间后，能够明显感到体力充沛，并且患感冒和其他疾病的概率明显降低了。

③ 预防治疗心脑血管疾病：长期服用蜂王浆对三脂异常症、血管硬化、心律不齐、糖尿病等疾病患者均有很好的疗效。

④ 治疗贫血症：蜂王浆中含有铜、铁等合成血红蛋白的物质，有强化造血系统，使骨髓造血功能兴奋等作用，临床上已用于辅助治疗贫血等疾病。

⑤ 消炎、止痛、促进伤口愈合：蜂王浆中的10-HDA，即王浆酸有抗菌、消炎、止痛的作用，可抑制大肠杆菌、化脓球菌、表皮癣菌、结核杆菌等十余种细菌生长。医学临床上已用蜂王浆和蜂蜜按照一定比例配制成膏药，它可以用于烫伤、冻伤等，其止痛、消炎，改善创面血循环及营养的效果明显优于凡士林。

⑥ 美容效果：蜂王浆中含有丰富的维生素、蛋白质等活性成分，还含有SOD酶等抗氧化酶，并有杀菌作用，是一种非常珍贵的美容用品，长期使用，可以使皮肤细腻、红润、光泽。

4. 蜂王浆的临床应用与典型病例

由于蜂王浆复杂的生物学及生理学作用，其临床应用也十分地广泛。德国学者卡斯路曾经给予了蜂王浆很高的评价，他认为："蜂王浆可以很好地改善老年人的精神平衡、内分泌功能紊乱。"此后，专家学者们对蜂王浆的强精、返老还童和延年益寿作用做了大量的实验研究，并陆续提出了许多的研究报告结果来证明确有其效。许多动物实验和临床试验都证明了蜂王浆确实是一种营养价值非常好的营养品和治疗剂。经调查发现，凡一直坚持服用蜂王浆的人，都会明显感到身体素质和体力的增强、食欲增加、睡眠改善、精力充沛、消除疲劳快，很少生病。

4.1　肝脏病

蜂王浆中含有的两种球蛋白，都是病毒的克星，它还能够刺激肝脏的再生机能，促进肝功能的恢复，达到修复肝脏的目的。

临床观察 57 例传染性肝炎患者服用蜂王浆蜜（蜂王浆含量 5％）的治疗情况，结果发现其中 35 例患者治疗效果非常显著，18 例患者病情得到缓解并好转，4 例无效。另外，蜂王浆对无疸型传染性肝炎的治疗效果非常好，其有效率高达 96.6％。

4.2　血管及血液系统疾病

蜂王浆中含有丰富的不饱和脂肪酸，具有很好的降血脂效果，可以双向地调节血压，对冠心病、动脉粥样硬化症和恶性贫血均有很好的疗效。另外，蜂王浆中铁、铜等元素是血红蛋白所必需的元素，此外，它们还可以促进 B 族维生素的生成。

临床观察过 20 例白血球减少、12 例血小板减少性紫癜及 18 例再生障碍性贫血的病例，经食用蜂王浆一段时间后，病人白血球和血小板数目增加了，这三类患者的身体状态都得到了明显的改善。

4.3　糖尿病

蜂王浆中含类胰岛素，可以补充糖尿病人胰岛素的不足，并具有修复胰岛细胞的作用，有助于胰腺恢复健康。另外，蜂王浆中还含有丰富的维生素以及铬等微量元素，这些成分都有助于血糖的调节。

临床用鲜蜂王浆治疗 48 例Ⅱ型糖尿病患者，经一个疗程（3个月），其观察结果：33 例效果明显（68.8%），12 例症状有好转（25%），3 例无效（6.3%），总有效率 93.7%。还有研究者通过给 63 位Ⅱ型糖尿病服用蜂王浆冻干粉并结合饮食控制的方法进行了研究，实验结果表明：对初患者的总有效率高达100%，对年龄大的患者的总有效率为 69.7%。

4.4　癌症

蜂王浆含内腮腺素和癸烯酸，能有效地预防和抑制癌细胞的生长。

某癌症研究所在针对 456 例癌症患者的临床治疗报告中，报告对中晚期癌症患者用蜂王浆冻干粉来进行辅助治疗的例子，研究结果表明：蜂王浆对患者的体液免疫功能起到了很好的改善作用，大大提高了细胞免疫功能，这种对免疫系统的双向调节作用可以根据不同的免疫紊乱状态来作出合理的调整。河北省肿瘤防治研究所对食道癌患者做了临床观察，术前服用蜂王浆冻干粉，每日 1 次，每次 1 克，连续服用 14 天，服用结束即手术，共做食道癌手术 15 例，其中 5 例未能切除，10 例术后将切除标本做病理观察，结果发现：蜂王浆冻干粉对癌组织有一定的损伤作用，10 例中有 5 例引起重度癌退化。

4.5　肠胃病

蜂王浆所含的癸烯酸等物质有良好的抑菌和杀菌作用，它可促使健康细胞的增生，有助于溃疡的康复。

北京某医院系统观察了 49～56 岁的胃病患者 5 例，对这 5 例患者均给与蜂王浆治疗，一段时间后，病情都得到了很好的改变，经胃液检查胃酸明显增加，5 例中 4 例体重都有增加，只有 1 例体重没有变化，总之，各种胃病患者，经蜂王浆治疗后，食欲都有所增加，消化系统功能日趋正常，症状也得到了缓解。

4.6 风湿病、关节炎

蜂王浆含丰富的泛酸，能使病情减轻或治愈。

用浓度为 3％ 的蜂王浆蜜（500 毫克蜂王浆）给 80 例慢性风湿性关节炎患者服用一个月，有 60％ 的患者得到满意的效果，其中脊柱型关节炎疗效最好。此外临床观察发现蜂王浆对风湿性心脏病，荨麻疹、红斑性狼疮、结节红斑、哮喘等疾病均有良好效果。

4.7 老年病

由于蜂王浆有促进内分泌腺的活动及细胞的再生作用，改善了组织代谢过程，使整个机体得以更新。蜂王浆的这种复壮作用，使人"返老还童"，保持青春的活力。

有学者曾用蜂王浆制剂治疗多种老年并发症，结果显示：其中有接近一半的患者体力精力得到了明显的改善，患者的消化力、血压和心脏功能都有明显的改善。有因脑病灶引起的麻痹症的患者甚至失去言语能力数年之久的患者，在服用蜂王浆 2 个月后，症状都有显著的改善。另有发现，给老年人肌肉注射蜂王浆后，其基础代谢提高，皮肤皱纹也消失了。某医学科学院给血管硬化症的老年患者服用蜂王浆片，服用一段时间后。患者的血压降低了，冠状动脉的症状减轻了，糖尿病的患者亦有明显好转。还有许多临床观察也发现，蜂王浆可以有效预防和治疗动脉粥样硬化的发生，同时减少血栓形成。蜂王浆对血压有双向调节作用，对高血压和低血压都有一定的治疗效果，特别对低血压的效果更为显著。

4.8 营养不良症

由于蜂王浆中含有大量的蛋白质、糖、维生素、氨基酸及酶类等营养物质，对各种营养不良症均有良好的治疗作用，特别是对婴幼儿营养不良患者效果更为显著。

某医院曾给 216 名 3～15 岁的患有营养不良的儿童服用蜂王浆制剂，一个多月后，他们的平均体重增加 8.3%，比对照组增加 4.2%。另外国内外许多学者也通过临床观察发现蜂王浆对各种营养不良症都有良好的治疗效果，对营养不良性浮肿也有显著疗效、能使病人乏力、四肢麻胀、食欲不振等症状迅速消除。

4.9　神经系统疾病

蜂王浆对大脑皮层活动的恢复有一定的促进作用，它还有助于智力发育、食欲的增强、睡眠质量的改善以及体力和脑力的增强，对各类精神分裂症都有良好的治疗效果，特别是对抑郁型、青春型、单纯型等疗效最好。

我国医学工作者对蜂王浆治疗 95 例神经衰弱疾病进行了临床观察，结果发现显效率为 90%，有效率 100%。还发现蜂王浆对胃神经官能症、子宫功能性出血都有很好的治疗效果。

4.10　美容

由于蜂王浆中含有丰富的活性物质，它可以很好地营养皮肤，使皮肤细腻红润、有光泽、消除皱纹，被广泛地应用到美容业中。

世界各国都有许多化妆品中添加有蜂王浆，如法国的 Boy-erde Inlyter 面膏，它可以有效地消除皮肤皱纹同时还可以治疗某些皮肤病，如痤疮、疣和湿疹疖病等，例如法国产的 Voteck 洗液可除去皮肤的蜡质，防止皮肤干燥和起反丘疹。另外蜂王浆还可以加快恢复期病机体的复原。

4.11　蜂王浆中的激素的应用

从国内外的研究报告中还没有发现蜂王浆中的激素对人体产生的负面影响。所以，有些消费者一看到蜂王浆含有激素就不敢食用的想法是没有必要的。蜂王浆中确实含性激素，如有作为人类生殖激素使用的雌二醇、里酮和孕酮等。但每 100 克蜂王浆中仅仅含雌二醇 0.416 7 微克、含睾酮 0.108 2 微克、含孕酮 0.116 66 微克，这个量是不足以对人体产生危害的，而且它们对人体来说是非常需要的适量性激素的补充，这对人体是有益的，它不仅有促进人体性功能的作用，还直接参与人体的新陈代谢的调节作用，尤其对男女更年期更为必需。一般人体每人每日补充性激素量为 5 000～7 000 微克，1 千克蜂王浆含性激素仅为 8 微克，一人一天一般服用蜂王浆 10 克，一个月才食用 300 克，共补充 2.4 微克。所以服用蜂王浆是绝对安全的。对儿童来讲。性器官未成熟，所以不提倡食用含性激素的食品。以防性早熟。但是，如果儿童身体虚弱，可以根据医生嘱咐，短期服用蜂王浆。

5. 蜂王浆的感官鉴别方法

蜂王浆的感官鉴别方法主要有以下几种：

① 闻气味：纯正的蜂王浆，具有特殊的辛、辣、酸等气味，这种气味是非常浓烈的，用我们的鼻子很容易分辨，而假的蜂王浆是不具备这种气味的。

② 尝味道：纯正的蜂王浆的味道带有苦涩和发酸感，下咽的时候对喉咙有辛辣的刺激感，给人一种食难下咽的感觉，它并没有蜂蜜的甜美，所以，一般食用正宗的蜂王浆都会加入蜂蜜来进行调味。因此，你在品尝蜂王浆的时候，会发现味道和纯蜂蜜是有所不同的，带着一些涩嘴、发酸的感觉，这也正是正品蜂王浆的独特口感。

③ 看状态：纯正的蜂王浆，在未变质的状态下，是乳白色或者半透明黄的浆状物，所以如果你买的蜂王浆很稀，且有气泡浮于表面的话，可以确认为假货了，因为这种状态是非常不正常的。

④ 搅纯度：将蜂王浆滴入 20% 纯度的碱性液体，然后在室温下搅拌均匀，如果能全部溶解，无悬浮物就是真品，反之，则为假货。

6. 选择蜂王浆产品的注意事项

选购蜂王浆应注意以下几点：

① 要选择企业知名度高、信誉好、有固定生产场所的专业企业的产品。

② 销售时蜂王浆必须是放在冰箱中冷冻保存的。因为蜂王浆在常温下放置长时间时很容易变质。

③ 新鲜蜂王浆的颜色应该是淡黄色，如果不是这个颜色有可能就是假的，或者说已经变质了。

④ 纯正新鲜的蜂王浆味酸、涩、微麻或微辛辣，没有甜味，新鲜蜂王浆还应有独特的香气。

⑤ 纯正的蜂王浆中不能有杂质，如幼虫的尸体碎片、蜡渣等。但有少量细小的白色或无色结晶体，属正常现象。

7. 蜂王浆的食用与保存

食用剂量：蜂王浆的食用剂量要根据情况而定。成年人保健用每天可服纯鲜王浆 5～10 克；治疗一般疾病每天可服 10～20克，治癌症等重病每天要服用 20～30 克以上，才能获得较好效果。

食用方法：蜂王浆可以直接食用，也可以适量添加蜂蜜一起食用。但由于鲜蜂王浆具有辛、辣、酸、涩的味道，很多消费者不太适应这种"怪味"，因此，将鲜蜂王浆采用冷冻干燥生物加工工艺加工成蜂王浆冻干粉胶囊剂型，既浓缩了蜂王浆的有效活性物质，又解决蜂王浆食用味道不佳的缺点，同时还不需要冷藏保存，常温下可以存放，食用、携带、存储极为方便，是世界上最流行的食用方法，该产品已由武汉蜂之宝蜂业有限公司研制开发，其加工核心工艺获国家专利，产品获国家保健食品批准文号，在国内已得到广泛的推广和食用。

贮存方法：蜂王浆对热非常敏感，在常温下放置一天，新鲜度明显下降；在常温下放置 15～30 天，颜色变成黄褐色，而且发出强烈的恶臭味，并产生气泡，其所含蛋白质被破坏。在高温下，于 130 ℃左右各种营养物质很快就会失效。而在冷冻条件下则比较稳定，在 0 ℃条件下贮存 10 个月，其色香味等不会发生多大的变化，对质量影响较小；在 -2 ℃的冰箱中可保存一年，-18 ℃可保持几年仍可正常食用。蜂王浆是极不稳定的天然产物，富含生物活性物质，故贮藏蜂王浆应避光、密闭、冷存。

8. 蜂王浆美容小配方

① 配方：蜂王浆 10 克，柠檬汁 8 克，白色蜂蜜 7 克。

制作与用法：首先榨取柠檬汁，过滤后与蜂王浆、蜂蜜混合，调匀。每日睡前洗脸后，取 3 克涂到面部，轻轻揉搓片刻，第二日清晨用清水洗去。

作用：养颜、净面、驻容，可使皮肤柔嫩细腻，面部粉刺消退。

② 配方：蜂王浆 50 克，鸡蛋清 1/2 个。

制作与用法：将鸡蛋清打入碗中，调入蜂王浆，搅匀，存入冰箱中。温水洗脸后，取 2～3 克揉搓到面部，保持 30 分钟，洗去，每日 1 次。

作用：营养皮肤，滋润皮肤，可使皮肤红润细白。

③ 配方：蜂王浆 5 克，鲜牛奶 5 克。

制作与用法：将蜂王浆与鲜牛奶混合调匀。洗发后将之抹到头发及头皮上，轻轻揉搓头发和头皮，使之分布均匀，保持 30 分钟以上，洗去。

作用：养发护发，乌发生发，可使头发黑亮富有柔性，有效防治断发、黄发。

④ 配方：蜂王浆 20 克，破壁蜂花粉 20 克，蜂蜜 20 克。

制作与用法：将以上三味混合调匀，制成膏，每日睡前洗脸后，取少量涂于面部，揉搓片刻，第二日清晨洗去。

作用：营养皮肤，增白养颜，美容去皱。

⑤ 配方：蜂王浆 5 克，蜂蜡 10 克，鱼肝油 5 克。

制作与用法：先将蜂蜡加热熔化，拌入鱼肝油，搅拌成膏状，调入蜂王浆搅匀即成。每日睡前涂在脸部，轻轻按摩片刻，入睡，第二日清晨用温热水洗去。

作用：滋润皮肤，保护皮肤，养颜驻容。

⑥ 配方：蜂王浆 5 克，甘油 10 克。

制作与用法：将蜂王浆研磨细，与甘油混合，充分搅匀，早晚各 1 次涂抹于患处。

作用：适用于面部痤疮（青春痘）患者。

⑦ 配方：蜂王浆 5 克，蜂蜜 5 克，1‰蜂胶乙醇液 2 毫升。

制作与用法：将蜂王浆、蜂蜜、蜂胶液混合，调匀。傍晚洗发后，将之抹在头发和脱发部位上，揉搓均匀，每 3 天 1 次，坚持 3 个月可显效。

作用：养发、护发、乌发，适用于脱发、断发、白发及黄发者。

第二节　蜂胶与人类健康

1. 蜂胶的应用史

蜂胶，希腊语为 Propolis，是蜜蜂王国的城门之意，即保护王国之意。目前蜂胶在全世界都备受瞩目，其历史悠久，很早之前就有人使用。据悉最早使用蜂胶的地方是古埃及和欧洲，在此之后才在世界各地广泛使用和研究。直到现代，各国科学家、医生们也不断提出许多临床病例报告。由于蜂胶每年的产量非常有限，但营养价值却是非常的高，所以又被营养学家称为"紫色黄金"。

蜂胶有效使用的最早记载是来自古埃及的。据说，早在

3 000多年前，古埃及人就已经认识到蜂胶，并把它运用到制作木乃伊上。公元前384—前322年，古希腊哲学家亚里士多德在他的《动物志》中曾记载人们用蜂胶治疗各种疾病和刀伤、感染的情况。15世纪，秘鲁人用蜂胶治疗热带传染病等。1899—1902年，美国军医在战场上给受伤的士兵做手术后使用的外涂药就是蜂胶。而在我国的明朝时期，闻名于世的李时珍所著的《本草纲目》中指出，蜂胶对于牙疼、杀菌等具有功效。到20世纪40年代，苏联、德国广泛用蜂胶治疗各种心脑血管及其他疾病。20世纪80年代，欧洲各国用科学手段研究蜂胶的治疗机理。我国于20世纪50年代开始研究蜂胶，70年代有了较大进展，90年代有了较大突破。1996年，国家科委首次把蜂胶列入国家"九五"重点科技攻关项目、国务院"948"重点推广产品，推动了我国对蜂胶进行全方位研究和开发的进程。目前我国已成为世界上蜂胶生产量最多和开发最全面的国家。

2. 蜂胶的成分

蜂胶呈黄褐色或黑褐色，具黏性，有芳香气味，性辛温，功能为软化角质组织、止痛。化学成分含树脂50%～60%，蜂蜡30%，挥发油10%等。经现代科学分析，从蜂胶中分离出多种化学成分，证明蜂胶成分极为复杂。其中有黄酮类化合物、酸、醇、酚、醛、酯、醚以及烯、菇、基类化合物和多种氨基酸、脂肪酸、酶类、维生素、微量元素等。

2.1 黄酮类化合物

黄酮类化合物是蜂胶中主要成分，也是重要成分，广泛地分布在植物界中，是天然植物色素。现已从蜂胶中分离出来20多种黄酮类化合物，其中包括黄酮类、黄酮醇类和双红黄酮类等。还有的是自然界首次发现的，也是蜂胶中独特的有效成分，如：5，7-二羟基- 3，4 -二甲基黄酮和 5 -羟基- 4，7 -二甲基双氢黄铜。

黄酮化合物在植物界分布很广泛，具有很多重要的作用，由于含有很多重要的活性化合物，因此对多种疾病都表现出良好的治疗作用。研究证明，黄酮类化合物是那些具有抗衰老、抗炎、滋补、调节免疫等中药的有效成分。据研究表明，蜂胶中含有的黄酮类化合物，其品种之多、数量之高，远远胜于任何一种中药的含量。

① 黄酮类：能够影响植物的生长，起碳酸同化作用，还有助于止血和稳定血液循环作用。

② 黄酮醇类：含有大量黄酮类维生素，能够治疗坏血病和疼痛等作用。例如：核黄素为黄色色素，呈黄色透明晶体，具有消毒和营养作用。

③ 双氢黄酮类：这也是黄酮类化合物的组分。在稳定血液循环、提高免疫水平、抗炎除毒、调节新陈代谢和生理功能方面，有着极为良好的作用。

2.2　酚酸类

蜂胶中含有的酸类化合物有苯甲酸、对羟基苯甲酸、咖啡酸、阿魏酸、异阿魏酸、肉桂酸、对香豆酸、茴香酸、苯丙烯酸等。

2.3　黄烷醇类

醇类化合物有羟基，7 -甲基黄烷醇、5，7 -二羟基黄烷醇、苯甲基- 3，5 -二甲氧基苯甲醇、桂应醇、松柏醇、枝叶酸、作木烯酸、乙酸氧基、样太烯酸、蔬品醇、愈疮木醇、布基酸等。

2.4　芳香挥发油与烯萜类化合物

蜂胶中芳香挥发油占 4%～10%，其种类很多，不时挥发出具有芳香气味的物质。陈年蜂胶挥发油含量减少，气味亦淡。

2.5　有机酸，酚酸及其衍生物

蜂胶中含量大量的有机酸，酚酸及其衍生物，如丁酸、2-甲基丁酸、琥珀酸、棕榈酸、异丁酸、肉豆蔻醚酸、二十四烷酸等等。蜂胶中具有生物活性的酚酸主要包括芳香酸、安息香酸、原儿茶酸、对羟基苯甲酸、香草酸、茴香酸、咖啡酸、香豆酸、异阿魏酸、阿魏酸等。这些酚酸大多数属于植物的次生代谢产物，具有强烈的抗病原微生物和保护肝脏的作用。

2.6　酯类化合物

从蜂胶中已经分离出数十种酯类化合物，其中具有生物活性的是咖啡酸芳香酯类化合物，如咖啡酸苄酯、肉桂基咖啡酸酯、咖啡酸苯乙酯、香豆酸苄酯、异戊烯基异阿魏酸酯、阿魏酸苄酯等。

3. 蜂胶的药理作用与保健功效

3.1　蜂胶的药理作用

大量科学研究表明：蜂胶成分的复杂性和单一成分的多功能性以及几种或几类成分作用的互补性，决定了蜂胶的神奇作用，它就像一个"万能小药库"，具有广泛而强大的功能。其主要功效归纳为以下八个方面：

（1）蜂胶具有显著的降脂、降糖作用，是糖尿病患者的福音

蜂胶中黄酮类、萜烯类等物质能够将外源性葡萄糖转化成肝糖原，还具有双向调节血糖的作用，大量临床试验证明，蜂胶对糖尿病具有很好的治疗效果；同时，蜂胶有很好的抗菌排毒作用，并能活化细胞，促进组织再生，对修复受损的胰岛细胞与恢复胰岛功能有积极作用。另外，蜂胶还有很好地防止血管硬化作用、强化免疫作用和抗氧化作用，能软化血管，显著提高 SOD 的活性，可以预防和治疗糖尿病的并发症，是糖尿病患者的保护

神。据中国蜜蜂研究所刘富海副研究员研究报道：蜂胶制剂治疗糖尿病的总有效率为94％，能有效调节内分泌，促进糖代谢，刺激胰岛素分泌，很快降低血糖，缓解症状。

（2）蜂胶是珍贵的天然抗氧化剂，被誉为"血管清道夫"，是心脑血管疾病的克星

有研究证实了蜂胶中的高良姜素、咖啡酸、芦丁皮素、a-儿茶素等黄酮类化合物具有很强的抗氧化作用，它们能够软化血管、增加血管韧性以及改变血管异常的通透性，改善微循环，防止血管硬化。蜂胶中的黄酮类、萜烯类成分还具有很好的降血糖、降血脂、降胆固醇的作用。还有些黄酮类化合物可以起到很好的活血化瘀、清理血管以及促进血液循环的作用。此外，黄酮类化合物的还有很好的抗菌、抗毒素、抗氧化作用，能够有效地净化血液，清除自由基，减少自由基对机体的损失，预防脂质过氧化的形成。正是因为蜜蜂巧妙地把蜂胶中的黄酮类物质、萜烯类物质以及维生素E、维生素C、维生素A和微量元素硒、锌等抗氧化物质配合在了一起，使得蜂胶的抗氧化作用远远超过二丁基羟基甲苯（BHT），在防止老化、防止突变、防止色素形成、排除体内毒素等方面发挥出了更为突出的作用，所以，也被医学界称之为"血管清道夫"。

（3）蜂胶是珍贵的天然广谱抗生物质，被誉为"人类健康的卫士"

从国内外的研究结果中发现：蜂胶对众多细菌、真菌、病毒具有显著的抑制和杀灭作用。尤其是对革兰氏阳性细菌和耐酸细菌很敏感，另外，对金黄色葡萄球菌、绿色链球菌、溶血性链球菌、变形杆菌等的作用强于青霉素和四环素，而且更为重要的是，其用量小，见效快，不产生耐药性，没有毒副作用，也同时被外界誉为"人类的健康卫士"。

（4）蜂胶是天然高效免疫增强剂

大量研究证明蜂胶不仅能够促进抗体的生成，增加血清蛋白和 r-球蛋白的含量，增强白细胞和巨噬细胞的吞噬能力，而且

还有利于胸腺、脾脏及整个免疫系统，显著增强机体免疫功能，使机体免疫功能处于动态平衡的最佳状态，是一种天然高效免疫增强剂。

（5）蜂胶具有促进组织再生作用

蜂胶具有促进组织再生及促进坏死组织脱落的功能，能快速止血，加速伤口的愈合，对烧伤、烫伤、创伤、皲裂、疮疡等有明显的治疗作用。

（6）蜂胶具有抗肿瘤作用

蜂胶中含有多种对癌细胞具有抑制和杀死作用的天然成分，能够显著地抑制癌细胞的生长。蜂胶广谱的抗癌性抑制癌细胞的物质代谢活动，增强正常细胞膜活性，分解癌细胞周围的纤维蛋白，保护正常细胞，阻止癌细胞转移；还能增强吞噬细胞和巨噬细胞的活性，增强机体的免疫功能，能够更好地识别和杀死癌细胞。同时对受损的免疫组织也有修复和保护作用。另外蜂胶还能够增加肝脏组织中的酶的活性，完善和修复肝细胞。蜂胶就是这样通过调节人体组织器官的生理功能，形成自身免疫生物反应，形成坚强的抗癌基础。

（7）蜂胶具有美容护肤作用

蜂胶是天然的美容产品，它能全面调节器官功能，修复受损的组织，消除炎症，促进组织再生，调节内分泌，改善血液循环，从而在全面改善体质的基础上，防止皮肤病变，分解色斑、减少皱纹、消除粉刺、青春痘、皮炎、湿疹，使皮肤组织恢复生理平衡和生机活力，肌肤呈现自然美，细腻有光泽、富有弹性。

（8）蜂胶具有抗疲劳作用

蜂胶能提高三磷酸腺苷酶（ATP 酶）的活性，使机体在代谢的过程中生成更多的 ATP，释放出更多的能量，因此被称为能量与活力之源。只要我们体内充满了能量，机体代谢顺畅，并能够及时有效地清除体内的代谢废物，我们就能够很快地消除疲劳、恢复体力。蜂胶也被称为"天然盘尼西林"。现代研究证明，蜂胶对呼吸道隐患、支气管炎、哮喘、感冒、肺病、溃疡、肠炎、更年期综合征均有帮助，蜂胶为全天然抗生物质，是人体由里到外的保健珍品，可帮助身体恢复元气。天然蜂胶含有丰富的维生素、所有人体必不可少的矿物质，氨机酸和高含量的黄酮素，也正是因为这些特性，蜂胶能够有效地增加和加强我们身体天然抵抗疾病能力。

3.2　蜂胶的保健功效

我国著名医书《黄帝内经》《神农草本》称蜂胶是"珍奇、有效的药物"。在欧洲，蜂胶被称为"神奇的药物"，而在亚洲，蜂胶被誉为"本世纪人类发现的最伟大的天然物质"。

古罗马百科全书《自然史》《东北动物药》《中医草药学》《神奇蜂胶疗法》（中国农业出版社）《中国蜂疗学》等中外著作对蜂胶有详细的描述，认为：蜂胶具有天然的防腐、抑菌、灭菌、抗病毒作用，能提高机体免疫力，抑制肿瘤细胞、镇痛、降低血糖和提高肝脏机能，净化血液功能，所有广泛用在治疗以下各个器官系统的病症。

呼吸系统方面：咽喉炎、鼻炎、支气管炎、哮喘、肺结核。

心血管循环系统方面：贫血、动脉硬化、高血压、高血脂、高血黏稠度。

消化系统方面：胃肠炎、胃十二指肠溃疡、胆囊炎、各种肝炎、口腔炎、唇炎、舌炎。

泌尿系统方面：膀胱炎、肾炎、精囊炎、前列腺炎。

外伤、各种皮肤病、过敏性疾病、神经性疾病、糖尿病、风湿病、更年期障碍、感冒和各种肿瘤，还可以抗疲劳、抗氧化、护肤美容等。

4. 蜂胶的临床应用与典型病例

4.1　蜂胶与糖尿病

蜂胶能活化细胞，促进组织再生，修复受损的胰岛细胞，调节血糖。还可以消除炎症，预防感染。降低血脂、软化血管、改善微循环，糖尿病患者服用蜂胶可以防止视力下降及心脑血管并发症。恢复体力，消除"三多一少"症状。糖尿病人坚持服用蜂胶可强化免疫功能，增强体质，提高生活质量。

糖尿病的治疗目前主要采用饮食疗法、运动疗法和药物疗法等。临床实践表明，蜂胶对糖尿病及其并发症有良好的防治功效。据报道，在巴西索伯研究所的临床病例中，给糖尿病并发症患者正确服用蜂胶，除少数病例外，几乎都痊愈了。

刘福海等研究表明，蜂胶提取物有显著的降血糖效果，总有效率高达 94.7%。但每个人对蜂胶的敏感性不同，效果的快慢也就不一样了。一般来讲，40%的患者在服用蜂胶一周左右，血糖就可以恢复正常水平；而有 35%的患者则需要在原来治疗的基础上再加服蜂胶，才能勉强地使居高不下的血糖逐步降低。

现代研究表明，蜂胶中的类黄酮、萜烯类等物质，都能将外源性葡萄糖转化成肝糖原，降低血糖。另外蜂胶还有促进组织再生的能力，因此它可以治疗、修复和保护受损的胰岛细胞。蜂胶中的类黄酮、微量元素、维生素等，具有很强的抗氧化作用，能有效地防治血管硬化，防治微循环发生障碍，预防心脑血管疾病，预防糖尿病并发症。总之，蜂胶提取物对糖尿病患者至少有以下几方面的治疗功效：能有效地降低血糖。抗菌消炎，排除毒素，预防和治疗各种感染。降低血脂，软化血管，改善微循环，防治血管病变和心脑血管疾病。增强免疫功能，提高抗病能力。增强体质，恢复体力，消除"三多一少"症状。

张某，52 岁的体育老师，有一天他不小心碰伤了脚趾，一个月后伤口一直未好，而且发现脚趾发黑，到医院检查发现患有糖尿病，脚趾已经开始坏疽，需要截肢。他告诉医生他不想截肢。于是医生为他尽力治疗 6 个月，脚不但没好反而恶化。这时医生实在是没有办法，告诉他只能高位截肢否则性命难保。在他绝望之余，他的一位朋友给他送来了蜂胶液，在征得医生同意后便开始用蜂胶液进行治疗。每天服用蜂胶液 80 滴，并在患处涂抹一次蜂胶液，治疗 5 个月后坏疽已经基本控制，并重新长出肉芽。

约翰先生，60 岁的英国地毯行业经营者。他家有糖尿病史，他家有 4 个糖尿病患者，哥哥死于糖尿病并发症。尽管他生意做得很大，但久治不愈的糖尿病一直是他的忧患。他在北京的分公司有位职员听说蜂胶对糖尿病有独特的疗效，便把一些蜂胶液送给他。约翰先生对于来自中国的蜂胶并不了解，但决心试一下，没想到吃了半年后效果出奇的好，血糖指标几乎降到正常水平。经过持之以恒的蜂胶治疗，他的血糖指标已趋于正常。

4.2 蜂胶与心脑血管疾病

（1）蜂胶能有效防治高血压

高血压是一种古老的疾病，2 400 多年前的就已有关于此病的记载。当今，随着疾病谱的变化，高血压已成为一种常见病、多发病，其发病率在全世界都很高。欧美国家成人高血压患病率高达 20%。最近我国宣布一项调查结果表明，与 10 年前相比，我国高血压患病率明显上升，以此病高发的 35～74 岁年龄段高血压患病率，及 2000 年我国的总人口和人口构成达 27.2% 推算，我国糖尿病患者已达 1.3 亿，这表明我国也已成为世界上高血压危害严重的国家之一。面对高血压发病率在我国快速增长这一现实，1998 年 3 月，国家卫生部决定每年 10 月 8 日为高血压日，这充分体现了国家对高血压病防治工作的高度重视。

临床证明服用蜂胶，不仅可以减少过氧化脂质对血管的危害，阻止血管硬化，而且能够有效地降低三酰甘油含量，减少血小板聚集，改善微循环，降低过高的血压，对糖尿病患者有治疗效果。某学者对 45 个高血压病患者进行临床观察。患者年龄 45～72 岁，病史 4～15 年，均属Ⅱ期及Ⅲ期糖尿病。给他们服用 30% 蜂胶乙醇提取液，每次 40 滴，每日 3 次，在饭前一小时服用。服用一个月后，40 例的主要病症明显改善，头痛、头昏、耳鸣消失，心悸和压迫感减轻，体重减轻。仅 5 例病症没有变化。其中有 35 例血压下降，收缩压平均下降 2.7～5.4 千帕，舒张压平均降低 1.4 千帕，全部患者均易于接受所有蜂胶溶液的治疗，无不良反应。

（2）蜂胶能有效防治高血脂症

血脂是血液中脂肪的总称，主要是血脂中胆固醇、三酰甘油、磷脂和磷脂酸等。血脂过高即高血脂症，主要是指血液中总胆固醇和三酰甘油过高，以及高密度脂蛋白胆固醇含量过低。高血脂与动脉粥样硬化密切相关。血液中长期含有过高的胆固醇、三酰甘油，就容易导致动脉粥样硬化。动脉粥样硬化会威胁到全身血管，最常侵犯的是主动脉及心、脑、肾等重要脏器的动脉。冠状动脉粥样硬化可引起病情复杂的冠心病。脑动脉粥样硬化可使脑动脉缺血，引起头昏、头痛、昏厥、脑血栓、脑血管破裂。肾动脉粥样硬化可引起顽固性肾性高血压、肾动脉血管栓塞等。

由于高血脂症是动脉粥样硬化的主要原因，而动脉粥样硬化可引起发病率高、病死率高的心脑血管疾病的发生，因而积极治疗高血脂症，对防治心脑血管疾病起着重要的作用。

我国著名蜂疗专家房柱在 1975 年使用蜂胶片内服治疗银血病患者时，发现其有降血脂作用。1977 年用于治疗高脂血症获效，1978 年在第三届国际蜜蜂疗法学术讨论会上报道了蜂胶片内服治疗高脂血症 67 例的临床疗效。在 67 例中高胆固醇血症 23 例，高三酰甘油血症 44 例，蜂胶片治疗均有明显降脂效果。23 例高胆固醇血症，20 例治疗有效。其中 12 例降至正常，治疗无效 3 例；44 例高三酰甘油血症，38 例治疗有效，其中 11 例降至正常，治疗无效 6 例。经治疗血脂降至正常的 6 例患者停药后，隔 20～45 天复查血脂，均仍在正常范围内。蜂胶降血脂的疗效比较持久和稳定。

江苏省曾组织多所医院为蜂胶治疗高血脂症进行了临床验证，其结果证明蜂胶有降血脂效果。其验证试验分为大、中和小剂量 3 个治疗组；大剂量治疗组每日口服蜂胶片 3 克，治疗 150

例；中剂量组每日口服蜂胶片 2 克，治疗 160 例；小剂量组每日口服蜂胶片 1 克，治疗 30 例。每日量分 3 次服，治疗 3 个月。凡血胆固醇≥2 300 毫克/升或三酰甘油≥1 500 毫克/升者为治疗对象。患者均在服用蜂胶片前停用其他降血脂药物，其他饮食则一如既往。

南京医学院也曾系统观察过蜂胶治疗高血脂症的疗效，他们给患者服用蜂胶片 1 个月后，其血液中三酰甘油的平均含量下降了 21%，治疗 3 个月后，平均下降率达到 40%；而高胆固醇血症患者服用蜂胶片 1 个月后，其血胆固醇含量平均下降 6%，治疗 3 个月后，其含量平均下降 20%。蜂胶对高三酰甘油血症有持续的使之恢复正常的能力，对高胆固醇血症也有中等程度的降低作用。

（3）蜂胶能有效防治高血黏症

流动是液体的属性，但其流动的快慢则取决于液体稠度。通常血液黏度高的就很容易形成血栓。而血液黏度的高低与血液中红细胞、白细胞、淋巴细胞、血小板等所占的比例有着密切的关系。在血液的组成成分中，红细胞的数量最多，对于健康人来讲，每立方毫米血液中平均含有 600 万个左右。我们知道血液黏度是受红细胞压积的影响，与红细胞压积呈函数关系，即血液的黏度随着红细胞压积的增高而增高。

心脑血管疾病整个病程中主要变化是血液的黏度发生变化，它不仅造成动脉粥样硬化、狭窄和阻塞，还是引起冠状动脉及脑循环改变和缺血或出血的重要因素。因此，降低血液黏度也可有效地防治心脑血管疾病。

辽宁省基础医学研究所曾通过对血液流变学检查，对 160 例典型高黏滞血症患者（冠心病组 54 例，脑动脉硬化组 40 例，高脂血症组 40 例，糖尿病组 30 例）进行观察治疗，每人饭前口服 40%蜂胶酊 50 滴，每日三次，同时服用蜂胶片，每次三片（每片 0.1 克），治疗一个月后，结果发现患者的血液稠度得到了明显的改变。服蜂胶后，患者的血液黏度显著降低，四肢反应也变得灵活，四肢麻木感消失了，体力也得到了明显增加，尤其是冠心病组服药期间，无一例发作者。由此可知，蜂胶确实能够起到防治或预防动脉粥样硬化作用，对心脑血管病的防治起到了很好的效果。

（4）蜂胶防治心脑血管疾病的典型病例

湖北省宜都市廖某，75 岁。1995 年 3 月 7 日抽血检查，总胆固醇为 7.15 毫摩/升，三酰甘油为 2.56 毫摩/升（正常人的现行标准为总胆固醇在 6.5 毫摩/升以下，三酰甘油在 1.71 毫摩/升以下）。1995 年开始用蜂胶酊（优质蜂胶一份，75%食用乙醇5 份浸泡而成）为主，小剂量长期服用，每日用量 1.6～2 毫升（按摇动后的浓度计量），分两次于早、晚饭后冷开水冲服，每日配服维生素 C 300 毫克。经过近一年的治疗，1996 年 4 月 23 日检查，总胆固醇 3.43 毫摩/升，三酰甘油 0.77 毫摩/升，均下降到正常水平。按上述方法继续服用，1997 年 4 月 2 日和 1998 年6 月 2 日两次抽血化验，总胆固醇分别为 3.51 毫摩/升、4.24 毫摩/升，三酰甘油分别为 1.21 毫摩/升、1.37 毫摩/升，均保持在正常水平以内。说明用蜂胶治疗高脂血症有明显的效果，而且未发现任何不良作用。

丁某，女，55 岁。因血脂高出现动脉硬化、脂肪肝和脾肿大。吃过许多中药，效果不理想。后服用蜂胶丸治疗，每日 3次，每次 3 粒（每粒胶丸含蜂胶 0.2 克）。服用 4 个月后，血脂已降到正常范围，总胆固醇由 7.9 毫摩/升降到 5.1 毫摩/升，三酰甘油由 2.96 毫摩/升降到 2.01 毫摩/升。头昏、腹胀、肝区隐痛等症状消失。

患有高血压的病人连续服用富含黄酮类物质及具有很强抗氧化能力的蜂胶，不仅可以减少过氧化脂质对血管的危害，防止血管硬化，而且还能有效地降低甘油三酯的含量，减少血小板聚集，改善微循环，可以降低过高的血压，防止意外事情的发生。因此，中老年人，尤其是高血压、心脏病、动脉硬化患者，经常服用蜂胶，对健康长寿颇有裨益。

4.3　蜂胶与癌症

蜂胶中所含的黄酮类、萜烯类等对癌细胞有明显的抑制作用，癌症患者在服用蜂胶后，在一定程度上能够缓解癌细胞的增殖，在一定程度上能够减轻化疗、放疗引起的副作用，还能逐步地改善体质。研究证明，蜂胶是一种天然的免疫强化剂，蜂胶能够刺激免疫机能和两种球蛋白活性，促进抗体的增加，能够增强淋巴细胞和巨噬细胞吞噬能力，从而提高机体的抵抗力，抑制癌细胞生长。

临床实践表明，蜂胶确有很好的抗癌作用，可用于癌症的治疗。其作用机制主要是：

蜂胶含有丰富的抗癌物质。目前，各国科学家已从蜂胶中分离出槲皮素、咖啡酸苯乙酯、异戊二烯酯、鼠李素、高良姜素、芹菜素、木樨草素、桑黄素、儿茶精，以及萜烯类多糖类等物质，并已证明这些物质都有很好的抗癌作用。

抑制致癌物或潜在致癌物的产生。据报道，煤焦油、润滑油、除草剂、农药、亚硝酸盐等对人类均有致癌作用，但亚硝胺和黄曲霉毒素是目前被大家所认可的具有高致癌力的主要致癌物质。而蜂胶中的酚酸类化合物、硒、维生素 C 及 β-胡萝卜素都可以抑制体内亚硝酸铵的合成。

抗氧化作用：蜂胶具有很强的抗氧化作用，可以有效地消除自由基的伤害，减少新的癌细胞产生。

抗菌和抗病毒作用：蜂胶是一种天然广谱抗生物质，对许多细菌、真菌、病毒有很强的抑制、杀灭作用，因此对病毒引起的癌症具有一定的抗癌活性。

酶的作用：有研究报道，癌细胞外围是一层纤维素，在癌细胞碰上正常细胞后，就会先用纤维素包裹正常细胞，使细胞癌化。一般癌化细胞的生命只有 12 小时，长的可达 48 小时。在这段时间内，可以借助酶的力量，通过分解癌细胞的纤维素来抑制它。蜂胶中含有丰富的酶类，对预防和治疗癌症有一定的作用。

总之，蜂胶的抗癌机制是多样的，是综合作用的结果。

某肿瘤研究所曾用蜂胶制剂，对 37 例口腔、舌或咽喉癌患者进行治疗，每日 3 次，每次 1 茶匙，含服时让蜂胶制剂在口腔内来回流动，使蜂胶蜜充分接触口腔黏膜，最后吞服。由于蜂胶对治疗放射性黏膜炎有效，所以癌症患者在放射治疗期间，几乎看不出预期的黏膜病损，放射医疗照射有效，甚至在服用蜂胶蜜以前就出现过严重放射损伤的患者，在使用蜂胶蜜后病况有很大改善，能完全止痛，可正常进食，提高了身体免疫力。

苏联考纳斯临床医院口腔诊所从 1974 年开始用蜂胶软膏治疗因颌面部分恶性肿瘤接受放射性治疗的 174 名患者，放疗期间给予此软膏者未见有并发症。因而认为以植物油为基质的蜂胶软膏，不仅用于各种口腔溃疡有良好功效，而且能预防放射线治疗过程中的炎症和损害。

中山医科大学应用"蜂三宝"（蜂胶、蜂花粉、蜂王浆等）辅助治疗癌症 101 例，取得显著的效果，充分显示了蜂产品综合抗癌的互补效应。这 101 例中包括肝癌、鼻咽癌、食管癌、胃癌、肺癌、脑癌、直肠癌、乳腺癌、胸腺癌、腮腺癌、喉舌癌、淋巴癌、霍奇金病、颌骨癌、神经鞘膜癌等。主要治疗手段包括手术切除、放疗、化疗、中草药或联合治疗。用蜂胶合剂作为辅助剂治癌，应用于临床的治疗有如下特点：抗癌的广谱性，为施行手术、化疗、放疗创造条件，减轻或免除化疗、放疗的毒副作用，减轻症状，改善患者的生存质量。

河北成安县人民医院应用复方蜂胶丸治疗癌症 164 例，包括中晚期食管癌、贲门癌、胃癌、肝癌、结肠癌、脑癌、鼻咽癌、喉癌、牙龈癌等。蜂胶丸与放化疗合用可明显提高疗效，并能减轻放疗、化疗引起的毒副作用。164 例中治愈 65 例，临床治愈率达 39.64％；治愈后和获不同程度改善者 154 人，总有效率达 94.51％。

中国农科院蜜蜂研究所在近几年的动物实验及临床应用结果中证明，蜂胶确有很好的抗癌作用，胃癌、肺癌、肝癌、淋巴癌、白血病患者大剂量服用蜂胶后，癌细胞生长及转移得到了很好的控制，患者的生存期得到显著的延长，有些已完全康复。此外还发现，蜂胶有很好的增加白细胞的作用，白细胞在 2 000 左右的患者在服用蜂胶一段时间后，能恢复到 5 000 左右的正常水平。

4.4　蜂胶与胃肠疾病

国内外大量研究和临床实践表明，蜂胶对消化性溃疡有良好的治疗效果。

导致胃炎和消化性溃疡的罪魁祸首是胃窦黏膜中的幽门螺旋杆菌。由于蜂胶具有良好的天然广谱抗菌消炎作用，又有保护和促进受损组织更新的作用。同时，蜂胶还对溃疡部位及周围有止血作用，能使遭受破坏细胞部位恢复原有的细胞活力，很快恢复细胞组织，使溃疡部位愈合。

蜂胶治疗消化性溃疡有良好的效果，其作用机理主要有以下几个方面：

① 杀菌作用：蜂胶治疗消化性溃疡主要是杀菌作用，只有彻底清除了病原菌，溃疡才会逐步愈合。

② 促进组织再生长作用：蜂胶中含有丰富的营养素和活性物质，能增强细胞的活性，促进胃肠黏膜上皮细胞生长，使溃疡易于愈合。

③ 黏膜保护剂作用：蜂胶进入胃后，能牢固地黏附在溃疡表面，犹如一层薄膜，隔绝胃酸对溃疡创面的腐蚀，起到很好的保护黏膜的作用，从而促进了溃疡创面愈合。

④ 麻醉止痛作用：蜂胶有良好的麻醉止痛作用，1％蜂胶溶液的麻醉效应是普鲁卡因的 4 倍；把 40 克蜂胶溶于 70％乙醇100 毫升中，其麻醉作用相当于可卡因的 3.5 倍。如果将蜂胶和普鲁卡因协同作用，其麻醉效应比单用普鲁卡因强 14 倍。因而服用蜂胶有助于缓解溃疡性腹痛，止痛效果明显。

⑤ 调节神经作用：根据蜂胶的功效，服用后会逐步强化机

体免疫力，排除体内毒素，清除体内自由基，改善微循环，预防多种疾病等。在当今生活节奏快、压力大的情况下，有利于保护身心健康。同时蜂胶能促进内分泌活动，调节神经功能，还有抗疲劳作用，这都有利于减轻精神上的压力，使情绪正常化，自然也有助于消化性溃疡的痊愈。

⑥ 增强免疫作用：蜂胶能增强机体免疫功能，具有固体祛邪的作用，可加速溃疡的愈合。

某研究者曾用蜂胶酊治疗 77 例胃及十二指肠溃疡病患者，每次 20 滴，每日 3 次，多数患者经蜂胶治疗 3～5 日后疼痛感消失了，同时胃液的酸度也趋于正常。蜂胶治疗未发现副作用。

奥地利医生用 5％蜂胶酊为溃疡患者治疗，在饭前 15 分钟将 5 滴放在半杯水中服用。门诊观察 15 例中，单用蜂胶治疗后只有 1 例需要住院治疗，14 例治愈。与此相反，用常规药物治疗的 17 例中，11 例因溃疡引起剧痛，久治不愈而住进医院。对住院的 300 例溃疡病患者进行系统观察，其中十二指肠溃疡 230 例，胃溃疡 70 例，因 6 例入院时必须立即手术，只有 294 例接受常规治疗。294 例中，有 108 例同时用蜂胶酊作辅助治疗，未给蜂胶酊的 186 例作为对照。结果为蜂胶组患者 3 天内止痛的占 70％，2 周止痛的达 92％；而对照组在相同时间内止痛的仅占 10％。2 周后经放射线检查证明，治愈病例蜂胶组占 60％，对照组只有 30％。住院期间必须动手术的病例，蜂胶组占 5％，对照组占 15％。

山东省乳山县医院用 20％蜂胶酊给溃疡病患者服用 10 毫升，每日 3 次，饭前服，4 周为 1 个疗程，疗程结束后 3 日内做胃镜检查以判断溃疡是否愈合。3 例消化性溃疡患者全部治愈。

青岛蜂疗医院筹委会崔京子（2001 年）采用内服蜂胶酊治疗胃及十二指肠溃疡 98 例，其中胃溃疡 20 例，十二指肠溃疡 50 例，两者兼有（复合型）28 例；病程最长 30 年，最短 1 年。多数患者曾接受过中西医治疗，效果不佳。后给患者饭前半小时将 20％蜂胶酊 10 滴放在半杯蜂蜜水中服用，每日 3 次，7 日为 1 个疗程，一般治疗 1～2 个疗程。98 例中 68 例痊愈，占 69.39％，自诉症状完全消失，X 线检查及纤维内镜检查病症完全消失；显效 17 例占 17.35％，自诉症状基本消失，X 线检查及纤维内镜检查病灶比原来缩小 2/3 以上；有效 10 例占 10.2％，自诉症状有明显改善，X 线检查及纤维内镜检查病灶缩小在 1/3 以上，无效 3 例，占 3.06％；总有效率为 96.94％。

典型病例：

张某，男，58 岁，煤气公司干部。患胃及十二指肠球部溃疡 30 年，多种方法治疗效果不佳。纤维内镜检查在胃底、幽门、十二指肠球部共有 4 个直径在 2.5 厘米以下，卵圆形边缘齐整，充血和水肿，深达黏膜肌层，表面洁净覆以白色纤维样渗出物，伴有新鲜性出血斑的溃疡。服用 20％蜂胶酊，每日 3 次，每次 10 滴，于饭前半小时滴入蜂蜜水中服用。患者当天就有明显的止痛作用，精神明显改观。服用蜂胶酊 5 日后，所有症状完全消失，再也没余疼痛，食量增加。继续服用 5 日，纤维内镜检查溃疡已完全愈合。

某男，41 岁，工人。因反复上腹痛 10 余年，加重 5 天而就诊。做胃镜检查见十二指肠球部前壁有 1 厘米×1 厘米溃疡，表面盖有白苔，周围黏膜充血、糜烂。患者服用 20％蜂胶酊治疗 4 周后，胃镜检查溃疡创面已完全愈合。

某女，21 岁，农民。患者溃疡 10 余年，曾服甲氰咪胍、硫糖铝等药治疗，症状减轻，但停药后症状即加重，故就诊。胃镜检查见胃角处有 1.5 厘米×1.5 厘米溃疡。患者服用 20％蜂胶酊治疗 8 周后，溃疡完全愈合。

某男，45 岁，农民。上腹饥饿痛，伴反酸，嗳气 3 年。胃镜检查见胃小湾测有 0.6 厘米×0.7 厘米溃疡，表面有褐色血痂，大便潜血（＋）。患者服用 20％蜂胶酊治疗 4 周，腹痛消失，胃镜检查溃疡已愈合。

4.5　蜂胶与口腔溃疡

　　蜂胶对细菌、真菌、病毒、原虫有抑制或杀灭作用。蜂胶还含有 34 种微量元素，其中锌可加速创伤组织的再生能力，创面治愈后不留任何瘢痕。此外，蜂胶乙醇溶液涂局部黏膜后，能形成一层保护膜，溃疡面在膜的保护下与口腔隔离，防止继发感染，并在锌的作用下加速创面愈合。

　　王淑静于 1986 年用蜂胶乙醇液治疗 70 例口腔溃疡，其中 60 例复发性口腔溃疡，5 例黏膜坏死周围炎，2 例疱疹性口炎，3 例外伤性溃疡，治疗结果显示：止痛效果 100%；而且溃疡面越小，愈合越快。洪民等用 50% 蜂胶复合药膜局部敷贴治疗 45 例 2 周以上口腔黏膜白斑患者，显效率高达 93.9%。

4.6　蜂胶与肝炎

　　我国是病毒性肝炎高发区，据流行病学调查，我国 60% 的人感染过乙型肝炎病毒，其中 1.2 亿为乙肝病毒携带者。全国每年发生急性病毒性肝炎约 120 万人，慢性肝炎病人已超过 3 000 万人，每年死于肝病约 30 万人，其中绝大多数与乙型和丙型肝炎病毒有关。

　　蜂胶是一种同时兼备诸多功能的天然物质，国内外医学专家对蜂胶治疗乙型肝炎进行了很多基础和临床应用研究，证明蜂胶对乙型肝炎有良好疗效。其作用机理主要是：

　　蜂胶具有很强的抗乙肝病毒作用：蜂胶对包括乙肝病毒在内的多种病毒有很强的抑制和消灭作用，因为蜂胶中富含高良姜素、山萘酚、槲皮素、异戊价位酸盐等杀病毒的有效成分。

　　蜂胶能有效增强人体免疫功能：蜂胶能增强并调节机体免疫功能，蜂胶中所含咖啡酸、绿原酸、5 -咖啡单宁酸及多种低聚糖等都是增强免疫功能的有效成分。这些成分能够刺激免疫系统和两种球蛋白活性，增加抗体成量，增强巨噬细胞的吞噬能力，从而提高机体免疫力。

蜂胶能有效地改善微循环：蜂胶中丰富的黄酮类化合物、萜烯类化合物及维生素、微量元素等多种成分，能够阻止血管硬化、降血脂，改善血液循环等，因而蜂胶对改善微循环有较好的作用。

修复肝细胞：蜂胶可促进细胞再生，具有修复肝细胞的功能。蜂胶有好的保护肝脏的功效，如蜂胶中的精氨酸、脯氨酸及甲基 3，4-二磷咖啡单宁酸等可以促进肝细胞再生，防止肝脏纤维化，修复肝细胞。蜂胶中的类黄酮等物质对肝脏有很强的保护作用，能够解除肝脏毒素，减轻肝中毒。蜂胶中的木脂素可以改善毒物对肝脏的影响，促进肝细胞的恢复。萜烯类物质有降低转氨酶的作用，对肝损伤有明显的保护作用，可促进肝细胞再生，防止肝硬化。

由于蜂胶有上述作用，因而对肝炎有治疗作用。中国农业科学院蜜蜂研究所蜂胶攻关项目组与数家医院的临床观察结果表明，乙型肝炎患者采用蜂胶治疗法，同时配合大剂量服用蜂王浆（每日 20 克）大多数患者在短期内都能取得很好的疗效。

武汉市陆某，是一家大宾馆的摄影师，有个幸福的家庭，但1995 年得了乙型肝炎，他是个自尊心很强的人，不希望别人知道他的疾病，只好私下里到处求医问药。几年间，为了家人的健康，每次吃饭他都需要找出各种各样的理由避免与家人在一起进食。久而久之，引起家人的误解，一个幸福的家庭眼看就要分崩离析。正在这时，长年注意收集治疗信息的他，从中国养蜂协会的有关资料上看到了蜂胶可以治疗乙肝的消息。由于此前经历过无数次失败的治疗，开始他对蜂胶液没有信心，可吃了一个疗程后病情有了明显的好转。经过继续服用，陆先生的肝脏检验指标已接近正常。此后他仍继续服用蜂胶，以巩固疗效，并与家人同桌吃饭了。

4.7 蜂胶与美容护肤

蜂胶是一种既可口服又可外用的美容佳品。服用蜂胶不仅可以排除毒素、净化血液、改善微循环，还能阻止脂质过氧化，减少色素沉积，可使毒素、粉刺、褐斑在不知不觉中消失。脸上有粉刺时，可以直接涂抹，也可在日常的化妆品中加入蜂胶液后涂抹，这样可以很好地防止粉刺被细菌感染化脓，坚持几天，粉刺就会收敛。必须注意的是，蜂胶直接外涂时必须稀释。

4.8　蜂胶外用的神奇功效

蜂胶能治疗哪些皮肤病：蜂胶对消除疣子、带状疱疹、牛皮癣、湿疹、皮炎、皮肤瘙痒、脚气、鸡眼、真菌性头癣症、脱发、皲裂症、耳鼻咽喉病均有显著的临床功效。

皮肤科医生用蜂胶乙醇提取液外抹患处，治疗由各种致病霉菌引起的浅部霉菌病，有效率达82.5%；蜂胶对各类癣病均有效，有效率可达93.3%；用蜂胶治疗深部真菌病（着丝真菌病）有效率为77.2%；蜂胶是治疗手、脚鸡眼的良药，治愈率在95%以上。

4.9　蜂胶适合老年人和体质较弱的人食用

（1）有效预防经常性感冒症状

能强化细胞膜，防止细菌入侵，增加抵抗能力。

（2）天然消炎、消肿和拂平作用

蜂胶用在面部皮肤上具有抗粉刺脓包的快速消炎、修补凹凸、美白肌肤、清除体内毒素的作用，是治疗面皮疤痕的首先产品。

（3）抗氧化

快速的抗氧化自由基作用，抑制黑斑的再形成，并能将已形成的黑斑色素轻微血管排出，除了具有抗黑斑的特效外更能使肌肤洁白。

（4）对呼吸系统的作用

蜂胶可根本治疗过敏性鼻炎、长年鼻塞、过敏性气喘、咳嗽炎，能稳定肥大细胞，抑制过敏介质的释放。长期服用完全没有副作用，也不会产生效果递减作用。

（5）保肝护肝

可用于重症肝炎、肝硬化、肝癌、胆结石者，蜂胶能强化肝胆细胞自身免疫功能，合成防卫联结组织，阻止病毒入侵。能促使肝胆细胞重生，恢复正常健康值。

（6）服用蜂胶能治疗口腔疾病

如齿肉溃疡、舌部溃疡、口角溃疡、牙周病出血、口臭及胃功能不佳引发的口腔异味。

（7）动物实验表明

蜂胶能使心脏收缩力增强，呼吸加深及调整血压，并可有效地抑制血小板集聚。蜂胶降血脂，对高血脂、高胆固醇、动脉粥状硬化有预防作用，有明显的防止血管内胶原纤维增加和肝内胆固醇堆积的作用。蜂胶中的黄酮类化合物和多种活性成分，可以改善血管的弹性和渗透性，舒张血管，清除血管内壁积存物，净化血液，降低血液黏稠度，改善血液循环状态和造血机能等。日本国著名医学博士木下繁太郎曾报道过蜂胶对高血压、低血压、白血症奏效的实例。蜂胶中含有 20 多种类黄酮，具有极好的血液净化作用，有利于治疗血栓症，促进人体血液循环。

（8）蜂胶与皮肤病

由于蜂胶成分的多样化及其具有生物活性物质的这一组合，其对人体，尤其是对皮肤健康的功效，令人称奇。

临床实验表明：蜂胶对皮肤瘙痒症、神经性皮炎、射线皮炎、日光性皮炎、毛囊炎、汗腺炎、脂溢性脱发、斑秃、青年痤疮等有效。对感染性皮肤病，如脓疱病、带状疱疹、寻常疣、扁平疣、头癣、体癣、手足癣等有效。对物理性皮肤病，如烧伤、烫伤、冻疮、手足皲裂、稻田皮炎、痱子、鸡眼、蚊虫叮咬有效。对意外皮肤伤害，如刀伤、枪伤、创伤、挫伤等有止痛、止血、消炎、止痒、抗感染和促进组织再生及坏死组织脱落的功能，对很难愈合的创伤，有促进伤口愈合与黏附伤口的作用。蜂胶抗菌消炎作用强，局部止血止痛快，能促使上皮组织增生和肉芽生长，改善皮下组织血液循环，限制疤痕形成。同对蜂胶还可以营养皮肤，保护皮肤不受酸碱等化学物质伤害。恢复皮肤免疫功能，任何难缠的皮肤病变都能根本性康复。蜂胶对下列皮肤病有效：皮肤过敏、麻疹、皮肤搔痒、头皮屑、头皮疹、湿疹、药疹、尿布疹、疥疹、狐臭、水痘、浓痂疹、白带、阴部痒、烫伤、冻伤和刀伤皮肤的复原。

（9）民间流传

中国民间流传以"蜂宝"（就是蜂胶）治癌的秘方，而欧洲以蜂胶医治癌症由来已久。全世界范围内的养蜂人，绝少出现癌症患者，就是活生生的例证。在预防和医治癌症的过程中，人体自身的抵抗力极为重要。在正常细胞抵抗力不足时，最容易受到癌细胞的攻击。

蜂胶由于含有多种活性酶类物质，可以增强正常细胞的活性，防止癌细胞转移。某研究者曾对肝癌与子宫癌进行了临床研究，结果发现，食用蜂胶一年后，所有患者癌细胞全部失去活性。手术或接受放疗、化疗的病人，食用蜂胶后，可以有效地防治"放射性黏膜炎"的发生与发展。在恢复期，坚持食用蜂胶，往往可以收到事半功倍的效果。

蜂胶天然抗生物质的抗炎性、抗菌性、抗病毒性和含有的许多酶的作用，对组织发炎和肿瘤有绝佳的抑制及杀灭效果。能使宣告死期癌症患者存活力提高；能使接受放射治疗而脱发者重新长发；能加速癌症手术后的康复；能排除体内毒素，预防癌细胞的生长。

（10）对消化系统的作用

对于慢性胃肠炎患者，常给服抗生素类药物，以抑制炎症发展。但是，经常服用化学合成的抗生素，容易导致人体消化道寄生菌群比例失调。敏感的细菌被抑制，而耐药性强的葡萄球菌及不敏感的白色念珠菌等，乘机大量繁殖，引起继发性感染，严重危害人体健康。

实验表明：食用蜂胶，对慢性胃肠炎类症状，效果显著，同时，还不会造成人体消化道寄生菌群比例失调。

蜂胶具有良好的成膜性，能够在粘膜上形成一层酸不能渗透的薄膜。利用蜂胶这一特性，人们应用蜂胶治疗胃及十二指肠溃疡，多数患者食用蜂胶后快速止痛，症状好转，胃酸趋于正常，胃分泌机能恢复正常。

（11）对更年期症状的作用

更年期障碍是由于内分秘的紊乱，植物神经机能失调引起的症状，通常表现为精神倦怠、躯体衰老、性功能衰退等综合症状，给患者造成很大的痛苦，但目前常用药物效果不理想。内分泌系统是机体生理活动的重要调节系统，是由具有分泌激素功能的内分泌腺体和组织所组成，如垂体、甲状腺、肾上腺、胰岛、胸腺、性腺等，动物实验证实：蜂胶可以促进内分泌活动，改善组织代谢过程，调节植物神经机能。蜂胶对以上组织和腺体，都具有明显的功效。

5. 蜂胶的感官鉴别方法

蜂胶的感官鉴定主要从外观、颜色、香味、气味、黏性和纯度等进行鉴定。可根据上述蜂胶物理性质的内容，目视鉴定蜂胶的外观和颜色，鼻嗅鉴定蜂胶的香味，口尝鉴定蜂胶的味道，手搓、捏的方法鉴定蜂胶的黏性。蜂胶的真假可以通过以下方法来辨别：①感官实验。②水溶实验。③黄酮理化指标测试。质量好的蜂胶溶于水后颜色呈乳黄色，形同牛初乳。假蜂胶大多有一个共同特点：一般用油脂做原料，价格低廉，胶囊外壳有色素。目前市面上的蜂胶质量参差不齐，超过半数的蜂胶质量不合格，因此，请广大消费者一定要擦亮眼睛，选购国家食品药品监督管理局有批准文号，GMP达标企业生产的蜂胶。假蜂胶对人的身体危害十分严重。

6. 选择蜂胶产品的注意事项

6.1　原料保真是蜂胶疗效的基础

据统计，我国每年的蜂胶原料产量为 400 多吨，而市场上销售的则有 1 000 吨之多，换句话说，有超过一半都是假的（树芽胶）或者真假参半的。近几年，很多商家加入蜂胶行业，导致原料供不应求，价格也成倍增长。所以消费者千万不要只图便宜，万一食用了劣质蜂胶或假胶，既损害了身体，又耽误了病情。

6.2　提纯技术是蜂胶生产中的关键

蜂胶原胶中含有杂质和重金属成分，可造成人体重金属中毒。目前，市场上的蜂胶制品很多，但提取技术和工艺上差距非常大：有的采用沉淀过滤的方法将蜂胶中肉眼可以看得见的杂质部分去除掉，但蜂胶中的铅、汞等重金属几乎完全存在；有的采用加热过滤的方法虽然可以去除部分重金属，但蜂胶中的好些珍贵的活性成分也随着加热一并挥发掉了。目前，国内比较成熟的是"逆流冷提取"技术。

蜂胶成分中有一大类物质——萜烯类物质，具有双向调节血糖、降血压、活血化瘀、强化免疫、杀菌、消炎等多种作用，这类物质一般属于挥发油成分，提纯过程中极易挥发。如果萜烯类物质流失严重，蜂胶的调节血糖、降血压等作用就会大打折扣。

6.3　蜂胶中的总黄酮含量不一定越高越好

蜂胶含有二十余类、三百多种天然成分。蜂胶的关键不在于高含量的黄酮，而在于它绝妙的天然配比、多种物质起到多病同治的目的。而并非单一黄酮的作用。

蜂胶中的 30 多种黄酮类化合物主要作用是清理血管、降血脂等。而有些厂家生产的蜂胶黄酮含量标注得非常高，但并没有被国家批准对血管和血脂有任何作用。所以，人为添加甘草、蜂花粉等物质来提高蜂胶中的黄酮含量并不可取，这样也破坏了蜂胶成分的原有配比。

蜂胶正常的黄酮含量为 $4\%\sim7\%$，黄酮含量低于 4%，说明蜂胶含量较低；黄酮含量高于 7%，说明蜂胶可能添加了黄酮含量较高的其他非蜂胶物质。

6.4 选择蜂胶要关注国家审批认可的功用

蜂胶是否有效，不是靠自己说出来的，得从临床数据上说话。卫生部经过功能检测后才会批准产品的作用范围。消费者可从产品的包装上看到卫生部批准的作用范围，而不要一味地听从商家的推销。由于提纯技术上的差距，大多数厂家的蜂胶只批准了提高免疫力的作用。如果您只为了提高免疫力，选用这些蜂胶尚可。如果您有糖尿病，那么至少要有调节血糖作用。如果您血脂高、心脏不好，那么还要有调节血脂作用。这样才能选择适合自己的蜂胶产品。目前，我国将蜂胶列为保健食品管理，最好不要选用没有经过国家认定的蜂胶产品（没有卫生部保健食品批号），这样的蜂胶没有保障。

7. 蜂胶的食用与保存

7.1 蜂胶液的食用方法

① 将蜂胶液灌入空胶囊中服用：此方法量易掌握、服用方便、也避免了蜂胶原料本身具有的辛辣苦涩的口感，蜂胶中的有效物质——树脂胶成分，一点也不会浪费。

② 将原液适量滴入牛奶、豆浆、果汁或蜜糖水中服用。

③ 将原液适量滴在面包、馒头、饼干上服用。

7.2 将蜂胶液灌入空胶囊中服用时的具体步骤

① 打开液体瓶盖外盖和空心胶囊上盖。

②把液体瓶的滴嘴紧靠在空心胶囊的入口处，轻挤瓶身，使液体流入，再把胶囊上盖盖紧。

③用温水或任何饮料吞服。

④服用时需现吃现灌。不可以提前全部灌入胶囊。因为胶囊会被蜂胶液溶化。

7.3　蜂胶软胶囊的优点

采用优质提纯蜂胶（蜂胶提纯后，其中重金属、蜂蜡和其他有害杂质会大大减少，减轻其对人体的危害）加工溶解后，以适当比例（一般10%～30%）加入色拉油（也有用聚乙二醇）中，在标准 GMP 车间制成软胶囊。其特点：吸收迅速，便于服用及携带，口感好，易于保存。

8. 市场上哪种蜂胶好

8.1　巴西绿蜂胶与中国黑蜂胶的区别

巴西由于蜜蜂采集的蜂胶胶原植物不一样，其蜂胶的颜色带有绿色，但检测发现，巴西绿蜂胶与中国黑蜂胶的成分基本没有什么区别，因此，有理由相信，巴西绿蜂胶与中国黑蜂胶的作用没有大的区别。同时，由于巴西绿蜂胶产量少，因此，在中国市场上的巴西绿蜂胶假的可能性极大，谨慎购买。

8.2　黄蜂胶与黑蜂胶的区别

市场上有一种黄蜂胶，宣称采用二氧化碳超临界萃取工艺加工而成，价格高，效果好。实际上，蜂胶含有 300 多种有效成分，完美的组合，才形成了蜂胶神奇的作用。因此，蜂胶不宜采用二氧化碳超临界萃取工艺加工，否则，会造成蜂胶中有效成分的大量损失，影响蜂胶的作用。由此可以断定，黄蜂胶并不比黑蜂胶好，性价比不高。

第三节　蜂花粉与人类健康

1. 蜂花粉的应用史

　　天然蜂花粉，自古以来就深受人们的青睐。我国对花粉在食品、美容和医疗等方面的广泛应用已有 250 多年的历史。秦汉时期的《神农本草经》中，便将松黄（松花粉）、蒲黄（香蒲花粉）列为上品药。据《食谱叹山堂肆考饮食卷二》中记载，唐代女皇武则天自从得知花粉能延年益寿、健美增艳的消息后，便成为一名花粉爱好者。李时珍在《本草纲目》中介绍："松花，甘，温，无毒，润心肺，益气，除风，止血，亦可酿酒"。清代《本草逢原》也对松花粉的功效作了补充："除风湿，治痘疮湿烂"，慈禧太后也因此选用花粉来调理美容。罗马尼亚和玻利维亚的一些民族由于生活习惯喜食花粉而成为长寿民族。但是，花粉被大规模地应用在食品中是从 20 世纪初活框饲养蜜蜂技术盛行时开始的。1945 年著名的生物学家齐钦发表了一篇"食用花粉能长寿"的调查报告，更刺激了花粉的研究和应用，使全球形成一股持续了十年不衰的"花粉热"。我国对蜂花粉的开发利用是从 20 世纪 80 年代开始的，并取得了很大的进展和成绩。花粉在体育界的应用的历史可以追溯到古希腊的奥林匹克运动会。1927 年，芬兰运动员服用花粉而获得奥运会金牌，这促使蜂花粉在体育界开始流行，因为服用蜂花粉可以使体力迅速恢复，从而提高运动成绩。1984 年我国参加奥运会的体育健儿也都服用我国自己生产的蜂花粉食品来提高体力。20 年后，在 2004 年雅典奥运会上我国女排又服用蜂花粉等蜜蜂产品，蜜蜂产品为中国女排再次夺冠立下功勋。

2. 蜂花粉的成分

2.1　水分

　　新鲜花粉的水分含量一般为 20％～30％，经过脱水处理的干花粉含水量一般为 $2\%\sim5\%$。

2.2　主要营养成分

（1）蛋白质

花粉中蛋白质含量比较丰富，一般为 $20\%\sim25\%$，由于其氨基酸的比例恰到好处，在营养学上花粉蛋白质被称为完全的蛋白质或高质量蛋白质，它是人体细胞及组织不可缺少的组成部分。

（2）氨基酸

氨基酸是组成蛋白质的基本单位，在花粉中几乎包含了人类迄今发现的所有种类的氨基酸，且部分以游离氨基酸的形式存在，可以直接被人体吸收利用。花粉中的氨基酸不仅种类齐全，而且含量很高，比富含氨基酸的牛肉、鸡蛋、干酪高出 $5\sim7$ 倍。一个成年人，1 天食用 30 克蜂花粉即可满足全天的氨基酸消耗量。

（3）脂类

花粉中的脂类物质含量较低，一般为 $5\%\sim10\%$。因此，花粉是一种高蛋白低脂肪食品。花粉中的脂类主要是不饱和脂肪酸，占总脂类物质的 $60\%\sim91\%$，尤其是人体必需的亚油酸含量比较丰富。

（4）碳水化合物

蜂花粉中的碳水化合物含量比较丰富，一般为 $40\%\sim50\%$。其中主要有葡萄糖、果糖、蔗糖、淀粉、糊精、半纤维素、纤维素、糖胺聚糖等。

（5）维生素

花粉是维生素物质的浓缩物，含量高，种类全。花粉中的维生素以 B 族维生素较为丰富，包括维生素 B_1、维生素 B_2、维生素 B_3、维生素 B_5、维生素 B_6、维生素 B_{12} 等，还含有胡萝卜素、类胡萝卜素、生物素、维生素 E、维生素 C、维生素 P、维生素 D。

（6）有机酸

蜂花粉中含有丰富的有机酸物质，主要有羟基苯甲酸、原儿茶酸、没食子酸、琥珀酸、苹果酸、柠檬酸、香荚兰酸、阿魏酸、对羟基桂皮酸、绿原酸、三萜烯酸、植酸等。

（7）矿物质

蜂花粉中含有钙、钾、钠、镁、铁、铜、锶、锌、锰、钴、钼、铬等丰富的常量元素和微量元素。

2.3 活性物质

（1）黄酮类物质

蜂花粉中含有丰富的黄酮类物质，每100克花粉中含有黄酮类化合物高达2 549.9毫克。主要有皮素、芦丁、异鼠李素、山奈酚、花青素等。

（2）酶类

蜂花粉中含有多种酶类，目前已鉴定出的活性酶达80多种。主要有转化酶、淀粉酶、磷酸酶、过氧化氢酶、还原酶、果胶酶、纤维素酶、肠肽酶、胃蛋白酶、胰酶、酯酶等重要酶类。

（3）核酸

花粉是植物的遗传细胞，含有丰富的核酸。据测定，每100克花粉中约含核酸2 120毫克，是人们公认的富含核酸食物，是鸡肝、虾米的5～10倍。

（4）激素

蜂花粉中含有雌激素、雄激素、促性腺激素、生长素等。

3. 蜂花粉的药理作用与保健功效

3.1 蜂花粉对心脑血管疾病的治疗作用

心脑血管疾病是当今世界上威胁人类的第一大杀手，随着生活水平的提高，人们膳食结构的改变，心脑血管疾病的发病率不断上升。高血脂是引致心脑血管疾病的最大因素，当前临床上治疗高血脂的药物，或多或少对人体都有一定的副作用。因此，蜂花粉就成了一种安全、有效的治疗高血脂药物。

3.2 蜂花粉对习惯性便秘的治疗作用

习惯性便秘，是一种日常生活中非常常见的疾病，它给患者带来了极大的身心痛苦和折磨。对于患有心脑血管疾病的老年患者来说，存在着非常巨大的威胁，在我们的身边也经常有因用力排便而发生意外的患者。因此，有效地治疗便秘，是对老年生活幸福的保障。虽然现在治疗药物有很多，有的效果也很好，但大部分都存在很严重的副作用，还有可能让患者对药物产生抗性，而蜂花粉则是一种治疗便秘有效、无副作用的药物。

蜂花粉对便秘的治疗效果，不会受其他外界因素的干扰；治疗作用平缓，没有其他的副作用。蜂花粉能有效地治疗便秘主要是因为它可调节肠功能的紊乱，增加回、结肠的张力和活动来缓解便秘的。所以，蜂花粉有"肠道警察"之称，是肠道紊乱的有效调整剂。

3.3 蜂花粉对青春痘的治疗作用

据国内外的研究可知，蜂花粉可以完全治好青春痘。有研究表明使用花粉化妆品数月，能有效地消除青春痘、雀斑，其消除率可达到 80% 左右，而一般的化妆品却只有 5%。如 23 岁的林先生患有严重的便秘，脸上长满了青春痘，正常情况下都无法排便，但服用蜂花粉后，通便情况明显得到了改善，青春痘也消退了很多。

3.4 蜂花粉对增强记忆力、改善脑功能的治疗作用

蜂花粉中含有丰富的营养物质，例如多种不饱和脂肪酸、微量元素等，可以很好滋补我们的神经系统，因此，蜂花粉对青少年神经系统的发育和记忆力可以起到很好的改善作用。还可以有效地预防老年人脑细胞功能的衰退。

蜂花粉对脑力活动很有帮助。某著名花粉学家认为：花粉对

维持头脑清晰，思维敏捷效果很好，它有助于我们开拓思路，有助于更好地解决问题。

经杭州大学心理学系的实验结果发现：蜂花粉对改善和提高我们记忆力方面很有成效，尤其对因营养不良等引起记忆力低下，或中老年人记忆力衰退的疗效极为显著。

3.5　蜂花粉对抗衰老的治疗作用

花粉自古以来都扮演着延年益寿的角色，也是现代抗衰老佳品。这样的例子有很多，例如据史料记载唐女皇帝武则天就非常喜欢食用花粉，年过八旬时，依旧红光满面，神采依旧，并亲自料理朝政。1945 年前苏联科学院院士、生物学家齐金教授向 200多位百岁以上老人发信，调查了解他们长寿的原因，当他认真分析这些回信时，发现了一个惊人的现象：这些长寿老人中有 143人是养蜂人，还有 34 人是曾养过蜂的人。进一步研究发现，这些养蜂人为了生计，把过滤的蜂蜜拿去出售，而自己则食过滤蜜渣。经检测，残渣中含有大量花粉，因此所吃的几乎是纯的蜜源花粉。

蜂花粉抗衰老延年益寿的作用机理主要是：蜂花粉能有效清除人体过多的自由基，防治机体受到侵害，因而能延缓人体的衰老速度而延长寿命；另外蜂花粉中还含有丰富的抗氧化物质，例如超氧化物歧化酶、维生素 E、维生素 C、硒、锌等，它们能有效抑制过氧化脂质的形成，从而达到增强体质和延缓衰老的作用。蜂花粉能调节机体的新陈代谢、调节内分泌功能，从而起到健身、祛病和抗衰老作用。

3.6　蜂花粉对贫血的治疗作用

有研究表明，蜂花粉能增强造血组织的修复，加快血细胞的新生，增强了机体的造血功能。通过蜂花粉对造血系统有损伤的小鼠进行试验，试验 10 天后进行观察并称重，结果发现服用蜂花粉的小鼠发育正常，大部分健康且精神状态良好，而且平均每只体重增加 1.4 克左右。而没有服用蜂花粉的小鼠部分死亡，剩存也精神萎靡，食欲不佳，体重平均下降 2 克左右，显示了蜂花粉对造血功能的奇特作用。这是因为蜂花粉中含有丰富的铁、铜、钴等微量元素和维生素，这些成分能够促进机体的造血功能。

3.7 蜂花粉对调节内分泌、改善性功能和治疗男性不育的治疗作用

内分泌系统是机体生理活动的一个重要调节系统，蜂花粉能促进内分泌腺体的发育、提高内分泌腺的分泌功能。

蜂花粉可以提高性功能，赫慈博士曾用蜂花粉做了 3 年试验，结果证明花粉能够促进性腺素的分泌，增强机体的荷尔蒙含量，从而提高机体的性机能。

蜂花粉还对内分泌失调和更年期综合征有很好的治疗效果。有研究者曾用蜂花粉治疗 13 名年龄在 18～22 岁的月经不规则和痛经的少女，服用蜂花粉 2 个月，患者月经的规律性都得到改善，痛经症状消失。他还对 74 名年龄在 45～55 岁，患有更年期综合征的妇女，用蜂花粉进行治疗试验，其中 38 名服用蜂花粉，36 名没有服用。结果显示：服用蜂花粉的 38 例中，有 34 例（占 89％）更年期指数明显下降，更年期症状也明显减少，其中 14 名（占 36.8％），更年期综合征已基本消失。

3.8 蜂花粉对前列腺病的治疗作用

前列腺增生是中老年男性的一种常见病，除了中老年男性患此病外，现在还有部分青壮年男性也常发生此病。有研究证实蜂花粉对前列腺增生和前列腺炎有很好的治疗效果，国内外的医学工作者都很重视蜂花粉对前列腺病的治疗应用。罗马尼亚内分泌学家米哈伊雷斯库博士，使用蜂花粉治疗前列腺病患者 150 例，有效率达 70％以上。

3.9　几种常见蜂花粉的保健功效

① 野玫瑰花粉营养成分丰富，富含叶酸、泛酸，蛋白质含量高，维生素含量媲美荷花粉（尤其是 B 族、E 族维生素含量更高），有利于增强皮肤的新陈代谢，改善皮肤的营养状况，增强皮肤的活力，使肌肤柔软、细腻、洁白，并可清除各种褐斑、减少皱纹，使干燥或老化的皮肤富有弹性。是女士美容养颜之佳选。

② 荷花花粉乃花粉之王，它的有效营养成分含量最高，氨基酸总含量达 24.2% 以上。其中总黄酮的含量达 3.92%，可以与蜂胶中含量相媲美。它的维生素种类最齐全而且含量较高，特别是不饱和脂肪酸含量是任何花粉所不及的。因此在美容、保健方面功效高于任何其他花粉。

③ 油菜花粉：总黄酮类、谷甾醇含量较其他花粉高，利于抑制前列腺增生，预防前列腺炎，抗动脉粥样硬化，防止静脉曲张，适于男性服用，也是心脑血管疾病患者的首选。

④ 荞麦花粉：在所有蜂花粉中芸香苷含量最为丰富，能增强毛细血管韧性，清除血管内壁堆积的垃圾，有效防治心脑血管疾病，多为中老年人首选。

⑤ 茶花花粉：味道微甜，呈橘红色。富含烟酸、叶酸、氨基酸、脂肪酸、蛋白质、维生素、活性酶等多种有效活性成分，其中烟酸和不饱和脂肪酸以及 B 族维生素远比其他花粉含量高，因此具有调节内分泌、深层保养肌肤的功效，并能有效预防皮肤的各种不良现象，增强皮肤活力，是女士瘦身养颜之佳品。

⑥ 五味子花粉：具有五味子特有的香气，口感微甜，它不仅有普通蜂花粉的丰富营养物质及功效，而且具有补肾益精，养肝明目，润肺止咳的特殊功效。它适合血气两亏、高血压、体质虚弱、视力下降、贫血、慢性肝炎，中毒性或代谢肝病及胆道系统引起的肝功能障碍等的人士服用。特别适应于肾虚腰痛、遗精滑精、工作繁忙的男性食用。

⑦ 百花粉：味苦，预防治疗糖尿病，可激发胰岛素分泌，调整内分泌。

⑧ 玉米花粉：利血、利尿、降血压，并对人体肾功能扶正固本有相当的疗效。可预防治疗前列腺增生、前列腺炎，专治男性病。

⑨ 茶花粉：氨基酸含量居常见花粉之首，微量元素及血酸含量也高于其他花粉。可防止动脉硬化和肿瘤，美容护肤也首选花粉。另外，可提神醒脑，提高神经的兴奋性。

⑩ 益母草花粉：能调经活血，治妇女月经不调、妇科疾病等，并能清热、活血、消瘀。

⑪ 西瓜粉：含维生素 C 和维生素 B_1 较高，可调节神经功能，对内脏、心血管和腺体运动极有好处。

⑫ 油菜花粉：含黄酮醇较高，有抗动脉粥样硬化、治疗静脉曲张性溃疡、降低胆固醇和抗辐射作用。

⑬ 虞美人花粉：镇静安神，治咳嗽、支气管炎、头痛、胃病有特效。

⑭ 芝麻花粉：止血行痢，清肿止痛，有强心作用，可作神经系统平衡剂和止痛剂。

4. 蜂花粉的临床应用与典型病例

4.1　蜂花粉对心脑血管的作用

心脑血管疾病，是当前世界上威胁人类生命健康的一大问题。随着我国保健事业的发展，人口的平均寿命大大延长，其发病概率也相对增加。高血脂是动脉粥样硬化、心脑血管梗死的重要危险因素之一。蜂花粉成为无毒副作用的预防心、脑血管疾患的首选降血脂药物。

北京海淀医院、山东胜利油田疗养院曾运用中国农业科学院蜜蜂研究所研制的花粉胶囊治疗了一百多例的高血脂症，结果表明蜂花粉对血清中总胆固醇、甘油三脂和 β-脂蛋白的含量都有明显下降作用。

　　某研究者曾用玉米蜂花粉治疗 30 例 45 岁以上的高血脂症的患者，其中男性 22 例，女性 8 例。食用蜂花粉后的治疗效果如服用前的状况相比来进行实验。实验用的蜂花粉都来自于中国农业科学院蜜蜂研究所研制的花粉胶囊，每日口服三次，每次服 4 粒，每日服花粉总量大约为 3 克，连服三四个月。在治疗期间禁止服用其他降血脂药物，而且其他一切饮食习惯和生活规律都跟原来一样。实验开始时，分别测定服蜂花粉前、服蜂花粉后 1 个月和 3 个月时血浆中总胆固醇，β-LP 和甘油三酯的含量，实验结果显示受试者服用蜂花粉 1 个月后，血浆中总胆固醇、β-LP 和甘油三酯含量都明显下降，而服用蜂花粉 3 个月后，血浆总胆固醇或甘油三酯水平下降更为明显，并接近正常值。

4.2　蜂花粉对习惯性便秘的作用

　　习惯性便秘是比较常见的病症，它给患者带来极大的痛苦和心理负担，对中老年人来说，便秘是一种非常危险、潜在的致命因素，尤其是那些心脑血管疾病患者，常常由于便秘、排便用力过度而发生意外。由此可见，对便秘的治疗，使其排便通畅，这对中老年人的健康来说是非常重要的。国内外众多研究报告显示蜂花粉治疗便秘的效果非常显著。

　　某研究者曾选用习惯性功能性便秘患者 171 例进行试验，其中男性 38 例（有 17 例未统计），女性 116 例。有 3/5 的患者每隔 4 天排一次便，有 8 例患者排便的间隔时间长达一周。所有受试者均表现出排便困难、大便干燥、量少的特点。这 171 例患者每天口服蜂花粉胶囊，每次摄入的量约为 0.8 克，一日 3 次，持续一周，治疗结果显示其中 164 例在服用蜂花粉 2~3 日后其便秘的症状均得到了明显改善，其有效率高达 95.9%。所有患者的排便间隔时间都明显缩短。另有研究发现服用蜂花粉的患者排便时间也明显缩短。某研究者曾统计了 154 例患者的排便时间，他们服用蜂花粉前的排便时间为 21.0 分±0.9 分，服用蜂花粉后的排便时间为 7.1 分±0.6 分，时间大大缩短了，并且他们的粪便也软化，不干燥，便量也增加了，所有便秘的症状都得到了很好的缓解。而且研究结果表明蜂花粉治疗便秘的效果与患者性别、便秘史长短没有明显的相关性。通过研究发现不同年龄服用蜂花粉都会起到非常明显的治疗效果。

4.3 蜂花粉对前列腺疾病的作用

前列腺增生症主要是中老年男性常见的疾病，其主要的症状表现为夜尿次数增加、排尿费劲、射尿无力、尿流变细、尿不尽，以及尿频、尿急、尿痛等，甚至还会导致射精时疼痛等附带症状。前列腺增生、前列腺炎等前列腺疾病，其发病机理主要与睾丸的内分泌相关。在欧洲，曾有医学工作者利用蜂花粉对前列腺类疾病进行过研究，研究结果显示了蜂花粉对前列腺疾病有很好的治疗作用，而且还没有毒副作用。

浙江老年病研究所曾仔细观察了蜂花粉治疗前列腺增生症 100 例，其平均年龄在 62 岁，平均病程 6 年。每次口服蜂花粉 2 克左右，每天 3 次，每日口服蜂花粉总量约为 6 克左右，疗程根据个人情况而定，一般在 1～8 个月，平均为 2.5 个月。研究结果显示：蜂花粉对前列腺常规症状的疗效，治疗组 100 例中，有夜尿症状的 89 例，排尿费劲的 83 例，尿流变细的 65 例，尿不尽的 90 例，尿急的 56 例，尿痛的 31 例。服用蜂花粉 1～3 个月后，所有患者的症状都逐步得到了改善。蜂花粉对这些常规症状的改善作用，根据其有效率的大小依次为对尿痛的有效率为 93.5%，尿不尽的有效率为 85.6%，尿流变细的有效率为 84.5%，排尿费劲的有效率为 80.7%，尿急的有效率为 80.4% 及夜尿的有效率为 79.8%，总体来说蜂花粉对这些症状起到了很好的改善作用。从总体效果来看，显效率为 56%，有效率为 37%，无效率为 7%，但是没有一例有病情加重的情况，总症状有效率高达 93%。

国内外研究者都非常重视蜂花粉对前列腺增生症的治疗效

果，多个国家著名研究者均认为蜂花粉能够有效地防治前列腺增生症。我国某研究所研制生产的花粉制剂，经研究证实了可以很好改善前列腺增生的症状，并有能够治疗慢性前列腺炎的功效。

4.4 蜂花粉对抗疲劳及增强体力的作用

蜂花粉具有消除疲劳的作用。我国国家科委科研所曾对蜂花粉能否提高运动员的运动能力进行了研究。参与实验的人在服用蜂花粉之后，研究所会全面检测其身体的各项指标，例如血压、脉搏、肺活量、握力、腰背力和功率自行车定量负荷 PWC170、跑台机能试验等。实验结果显示，服用蜂花粉制剂前后经测试 PWC170、跑台指数、左右手握力、腰背力及一级定量负荷等后，心率的变化非常显著，这个结果表明蜂花粉对提高心脏的工作能力、对运动员的身体素质、腰背肌的力量，尤其是耐力的增长作用都非常显著。这主要是因为运动员食用蜂花粉后，睡眠得到了改善，食欲明显增强，心肺功能得到了提高，增加了体力、耐力，有效消除了运动后产生的疲劳，提高了运动员整体的身体素质，从而提高了运动员的运动成绩。

经研究蜂花粉对抗疲劳、提高体力确实效果明显。我们知道提高体力和抗疲劳是一项综合性的指标，它侧面反映出心脏的作功能力，机体的抗缺氧能力和耗氧状态，同时也反映了机体对能量代谢和神经系统的适应性。

4.5 蜂花粉对抗衰延寿的作用

由于蜂花粉中含有核酸，它能够促使细胞再生，延缓衰老，延长寿命，减少脂褐素的沉积，我们知道大脑在衰老的过程中一个重要的变化就是脑细胞中脂褐素的堆积，它是人体在代谢过程中产生的废物，它能够影响脑细胞的正常生理功能。据报道，细胞中脂褐素含量的增多，会直接导致细胞的萎缩和死亡。而食用蜂花粉之后，身体的各个系统得到了很好的改善，也抑制了脂褐素的积累，大大延缓了机体的衰老过程，明显提高了大脑的记忆力，血液中睾酮、雌二醇的水平明显增加了，这样老年人的体质就自然得到了改善，老年斑也逐渐减少甚至消失。蜂花粉还有调节内分泌，增强耐缺氧，防治贫血，保护肝功能等作用。

5. 蜂花粉的感官鉴别方法

目前对蜂花粉的感官鉴别方法主要有目测、鼻闻、口尝、手捻这四种。

① 目测：这是最简单的方法。在正常情况下，纯正蜂花粉具有特有的颜色，光泽感很强，国标中有规定在优质蜂花粉中混入的其他花粉粒含量应在 7% 以下，最高不得超过 15%；而且要求蜂花粉团的颗粒大小要基本相同，没有细末和虫蛀。通常正常情况下蜂花粉团呈不规则的扁圆形团粒状，并带有采集工蜂后足嵌的痕迹。

② 鼻闻：新鲜优质的蜂花粉有明显的单一植物花朵的清香气，而发生霉变的蜂花粉或受污染的蜂花粉则没有这种花朵的清香气味，甚至有非常难闻的气味或异味。而假冒的蜂花粉更没有这样浓郁的清香气。

③ 口尝：取少量的蜂花粉放入口中，细细品味。新鲜的蜂花粉有辛香的味道，多带苦味，余味中有点涩涩的味道，且略带甜味。它的味道主要受粉源植物花种的影响比较大，使得蜂花粉呈现出不同的味道，例如有的蜂花粉较苦，有的蜂花粉很甜，个别的蜂花粉还有麻、辣、酸感。

④ 手捻：由于新鲜的蜂花粉含水量较高，手捻时容易碎，捻的时候感觉非常细腻、没有泥沙颗粒感。如果手捻时有粗糙或硬沙粒感觉，说明蜂花粉中泥沙等杂质含量较大。干燥好的蜂花粉团，用手捻捏不软、有坚硬感。如用手一捻即碎的蜂花粉，说明没有干燥处理好，含水量较高，也有可能因受潮发霉而引起变质。

6. 选择蜂花粉产品的注意事项

花粉原料的选择和检测是保证花粉食品质量的关键。

（1）防止有毒花粉的混入

目前我们市场上的绝大部分花粉食品基本上都是利用蜂花粉加工而成的，但自然界任何的树木、植物、花草等都是蜜蜂采集的目标，这是人类无法控制的，随意性太大。所以在用蜂花粉作为原料制作商品时，一定检查清楚是否有可能混入有害花粉，例如强致敏花粉、有毒花粉等。

（2）留心是否有变质花粉

花粉是一种营养价值非常高的物质，但它非常容易发生霉变、虫蛀，而且一旦发生霉变可能会产生大量的致癌毒素。所以如果长期服用这种变质的花粉原料制成的花粉食品，不仅对我们没有好处，而且还会引发疾病的产生。

（3）留心虚假广告

如今社会，各行各业的广告随处可见，但这些广告说的并不都是真实的，有的只是个圈套诱饵，故意夸大某些功能，比如，北京协和医院就曾检测过十几种市场出售的国产花粉食品，几乎家家都称自己的花粉破壁率在98％以上，可检查结果表明这些花粉根本就没有破壁，仍然有一层"盔甲"般坚硬的外壁。由于花粉的绝大多数营养成分都在外壁内。所以美国、日本等国都严格规定进口的蜂花粉原料的破壁率必须在98％以上。而我国市面上出售的花粉食品几乎100％未破壁。

7. 蜂花粉的食用与保存

7.1 蜂花粉的食用方法

蜂花粉是一种天然的高营养保健品，它可以不需要加工而直接入口食用，这样可以有效地防止某些活性营养成分在加工的过程中造成损失。所以新买的纯净蜂花粉，可以经过简单地消毒灭菌后放入冰箱中贮存，平时根据需要按量取用即可。食用时可以直接放入口中细细咀嚼，也可以将蜂花粉与蜂蜜按照一定比例混合在一起食用，还可以将蜂花粉碾磨成粉末，食用时按量用水冲服，通过这样方法食用后都可收到满意的效果。

还有一种方法就是将花粉做成口服液来服用，具体方法如下：

将等量的水加入到干燥的蜂花粉中，浸泡数小时后使其充分吸收水分成为糊状；然后放入到低温冰箱中冷冻保存2～3日；再从冰箱中将其取出，立即捣碎，随即加入3倍的热沸开水，通过热胀冷缩的作用来进行破壁，让它的营养成分充分释放出来；静置几个小时后，抽取上清液，然后再对残渣进行2次处理；最后在取其上清液中加入蜂蜜等，即为花粉的口服液，每日按需要量服用。

蜂花粉制剂的食用：过去，人们食用蜂花粉多采取直接食用蜂花粉原料或者将蜂花粉打碎后用蜂蜜调和食用。但由于蜂花粉的养蜂生产环节处于室外，蜂花粉原料可能混杂了大气中的灰尘等杂质，直接食用原料蜂花粉会有沙粒感。将蜂花粉打碎后用蜂蜜调和食用也不方便，食用剂量也不准确。因此，现在多将蜂花粉原料加工成制剂（片剂和胶囊剂），具有"食用方便、剂量准确、携带便利"等优点。

富硒花粉片的选用：选用富硒土壤地区采集的纯天然富硒花粉为原料，辅以麦芽糊精、微晶纤维素、羟丙基甲基纤维素，采用先进工艺，将花粉破壁后制成富硒花粉片，内含多种氨基酸、蛋白质、各种维生素、黄酮类化合物、硒元素等活性物质，既有蜂花粉的营养成分，同时又提供人体硒元素，解决人体普遍缺硒的状况。该产品已由武汉蜂之宝蜂业有限公司研制开发，并获得国家专利，具有极高的保健作用和食用价值。

7.2　蜂花粉的储存方法

（1）冷冻贮存

贮存前干燥的花粉用双层塑料袋装好，并封严袋口，防止吸

水。若短期贮存，贮存温度保持 0～5 ℃；长期贮存温度保持在
—20～—18 ℃。可最大限度地减少花粉中的蛋白质和维生素的损失，避免霉烂生虫。

（2）与蜂蜜混合贮存

少量的花粉也可与蜂蜜混合贮存，即在高浓度蜂蜜中加入需同存的花粉，可达到保存的目的。

8. 蜂花粉美容小配方

（1）蜂花粉美容配方

功能：养发、护发、生发。

配方：蜂花粉 3 克，鲜牛奶 5 克，2%蜂胶酊 1 毫升。

制作与用法：选破壁蜂花粉与鲜牛奶和蜂胶酊调匀，备用。洗净头后，将发乳抹在头发上，用手轻轻搓揉片刻，使之在头发及头皮上分布均匀，保持 10 分钟以上，洗净，每 2～3 日 1 次。

作用：养发、护发、生发，经常使用可防治断发，长出新发，并使头发乌黑光亮富有柔性。

（2）蜂花粉美容验方

功能：滋养、清洁皮肤，杀菌净面，适用于痤疮、粉刺、雀斑患者。

配方：鲜花粉 10 克，姜汁 5 克，1%蜂胶酊 2 毫升。

制作与用法：将花粉与姜汁和蜂胶酊混合，研细调匀成膏，备用。用时先洗净脸面，取少许于手心中，搓揉到面部，每日 1 次。

作用：滋养、清洁皮肤，杀菌净面，适用于痤疮、粉刺、雀斑患者，常用可使面色光泽、红润。

（3）蜂花粉美容验方

功能：营养润白皮肤，尤其对面部粉刺、痤疮有特效。

配方：蜂花粉 10 克，芦荟叶汁 5 克，食醋适量。

制作与用法：选破壁蜂花粉，与芦荟叶汁调匀，配制成膏，

备用。用时，先用食醋洗净患处，再用花粉芦荟膏涂敷于患处，同时在面部轻轻抹一层，每日1次。

作用：营养润白皮肤，尤其对面部粉刺、痤疮有特效。

（4）蜂花粉美容验方

功能：营养清洁皮肤，对粉刺、青春痘有消退作用。

配方：鲜蜂花粉70克，胡萝卜汁20毫升，5％蜂胶酊10毫升。

制作与用法：榨取胡萝卜汁，与鲜花粉混合，研细成膏，对入蜂胶酊，调匀即可。用时，涂抹脸面薄薄一层，揉搓均匀，每日1次；患处可重点搽敷。

作用：营养清洁皮肤，对粉刺、青春痘有消退作用，经常使用可使皮肤健美富有弹性和光泽。

（5）蜂花粉美容验方

功能：营养皮肤，经常搽用可使皮肤细腻白润，褐斑消退，展露红润。

配方：蜂花粉50克，无菌水60毫升，乙醇40毫升。

制作与用法：将蜂花粉磨细成粉，放入无菌水泡提24小时，滤除上清液，其渣用乙醇浸提24小时，滤除沉渣后，将二液合并，在减压浓缩装置浓缩到50毫升，备用。洗脸后，取少许于手心，搽抹到脸部，均匀一层，每日1次。

作用：营养皮肤，经常搽用可使皮肤细腻白润，褐斑消退，展露红润。

（6）蜂花粉美容验方

功能：养肤除色斑，有很好的营养皮肤和增白作用

配方：鲜蜂花粉30克，白醋15毫升。

制作与用法：将蜂花粉浸泡在白醋中12小时，捣细，过滤成膏状，备用。洗脸后取少许于手心中，轻轻揉搓到面部，每日1次。

作用：养肤除色斑，有很好的营养皮肤和增白作用，对褐斑、粉刺等有除治效果。

（7）蜂花粉美容验方

功能：营养滋润皮肤，可使皮肤细腻润白，皱纹减少，富有光泽。

配方：鲜花粉 60 克，人参 20 克，白酒 100 毫升，蜂蜜 50 克。

制作与用法：先将人参捣碎，与蜂花粉一同放入白酒中浸泡 4～5 日，进一步研磨后沉淀一日，滤除渣，以其滤液与蜂蜜混合，调匀，每日早晚搽面部。

作用：营养滋润皮肤，可使皮肤细腻润白，皱纹减少，富有光泽。

（8）蜂花粉美容验方

功能：养颜、除皱、祛斑，可使皮肤细嫩富有弹性。

配方：鲜花粉 70 克，熟石榴 2 个，醋 100 毫升。

制作与用法：将蜂花粉与石榴一同浸泡在醋中 80～100 小时，取出捣烂成膏状，以滤网滤除渣后备用。每日洗脸后取少许于手心，搓揉到面部，长期使用。

作用：养颜、除皱、祛斑，可使皮肤细嫩富有弹性。

（9）蜂花粉美容验方

功能：使皮肤细嫩，皱纹减少，表面光洁润亮。

配方：蜂花粉 70 克，白色蜂蜜 20 克，白酒 10 毫升。

制作与用法：选破壁或经超细风选粉碎的蜂花粉，与洋槐或其他白色蜂蜜及白酒混合，调制成润肤膏，每日像其他化妆品一样，将润肤霜取一点放入手心，向脸部涂抹，要求均匀薄薄一层，每日 1 次。

作用：经常使用，可使皮肤细嫩，皱纹减少，表面光洁润亮。

（10）蜂花粉美容验方

功能：可增强表皮细胞的活力，去除老化细胞和皮屑，有助于消除皱纹和色斑。

配方：蜂花粉 15 克，氧化锌 5 克，淀粉 20 克。

制作与用法：选破壁蜂花粉，加适量水与氧化锌、淀粉混合，调制成黏稠的糊状，备用。洗脸后将之均匀地搽一层于面部，每日1次。

作用：可增强表皮细胞的活力，去除老化细胞和皮屑，有助于消除皱纹和色斑等。

（11）蜂花粉美容验方

功能：适用于干燥性皮肤者，可起到滋润、营养、增白、祛斑的效果。

配方：蜂花粉30克，蜂蜜30克，鸡蛋黄1个，苹果汁20毫升。

制作与用法：选破壁或超细粉碎的蜂花粉细末，与蜂蜜、蛋黄、苹果汁混合，调制成膏，备用。洗脸后，向面部均匀涂抹一层，待自然干后保持20～30分钟，以温水洗去，每日1次。

作用：适用于干燥性皮肤者，可起到滋润、营养、增白、祛斑的效果。

（12）蜂花粉美容验方

功能：养颜、除皱、美容，有较好的增白作用。

配方：鲜蜂花粉10克，黄瓜汁10毫升。

制作与用法：榨取黄瓜汁，与新鲜蜂花粉混合，调制成膏，备用。睡前洗脸后，将之涂抹于面部，次日清晨洗去，每2～3日1次。

作用：养颜、除皱、美容，有较好的增白作用。

（13）蜂花粉美容验方

功能：润肤养肤，增白祛斑，还可减少脸部皱纹。

配方：鲜花粉10克，鸡蛋清半个。

制作与用法：取鸡蛋清半个于碗中，调入新鲜蜂花粉与蛋清调匀，傍晚温水洗脸后，均匀涂抹一层，轻轻按摩片刻，保持30～40分钟，洗去，每日1次。

作用：润肤养肤，增白祛斑，还可减少脸部皱纹。

（14）蜂花粉美容验方

功能：养肤润肤，可使皮肤柔嫩、细腻、健美。

配方：蜂花粉、蜂蜜各适量。

制作与用法：选用破壁蜂花粉，与二倍白色蜂蜜混合，调制成浆状，备用。温水洗脸后，均匀涂抹到面部一层，保持 30 分钟，洗去，每隔 1～2 日一次，长期坚持。

作用：养肤润肤，可使皮肤柔嫩、细腻、健美。

（15）蜂花粉美容验方

功能：健身强体，美容颜面。

配方：蜂花粉 25 克，蜂蜜 50 克。

制作与用法：将蜂花粉与蜂蜜混合，每日早晚分 2 次服下，温开水送服，连续服用可显效。

作用：健身强体，美容颜面。

（16）蜂花粉美容验方

功能：健身、美容。

配方：蜂花粉 30 克。

制作与用法：将优质蜂花粉放入冰箱中，每日早晚空腹各服 1 次，温开水或牛奶送服，每次 15 克，连续服用 3 个星期可见明显效果。

第四节　蜂蜜与人类健康

1. 蜂蜜的应用史

蜂蜜是人类传统而古老的一种天然食用佳品。我国食用蜂蜜的历史可以追溯到商代。在很多的医书和诗词中都有记载，例如东周时期的《礼记内则》中载有"子事父母，枣栗饴蜜以甘之"；屈原在《楚辞招魂》中有"瑶浆蜜勺"和"粔籹蜜饵"（以蜂蜜酿制蜜酒，用蜂蜜和米、面制做蜜糕）的记载。《离骚》中有"朝饮木兰之坠露兮，夕餐秋菊之落英"的赞美诗句。

蜜蜂的药用价值，在我国最早见于《神农本草经》中记载：

"蜂蜜味甘、平、无毒，主心腹邪气，诸惊，安五脏诸不足，益气补中，止痛解毒，除百病，和百药，久服强志轻身，不饥不老，延年"。《治百病方》中记载的 36 种医方中，多处以白蜜制成丸剂、汤剂。医圣张仲景在《伤寒论》中记有用来治疗便秘的"蜜煎导方"。《金匮要略》中记载有"甘草粉蜜汤"治"蛔腹痛"的方法。

2. 蜂蜜的成分

蜂蜜是一种成分极为复杂的糖类复合体，到目前为止，已经鉴定出蜂蜜中含有 180 多种不同的物质。现就蜂蜜中的几大类物质分述如下。

2.1 水分

成熟的蜂蜜含水量在 18％～20％。

2.2 糖类

糖类约占蜂蜜总成分 75％～80％。蜂蜜中的糖分十分复杂，随着分析技术的提高，发现的种类越来越多，现已证实蜂蜜中有 23 种糖类存在。

在这些糖类中，最主要的是果糖和葡萄糖，它们的含量约占总糖的 85％～95％，而且果糖的含量多数多于葡萄糖，例如洋槐蜜的果糖与葡萄糖的比例为 45∶30；紫云英蜜为 39∶35；锻树蜜为 38∶33。也有少部分蜂蜜的果糖略少于葡萄糖，如油菜蜜的果糖和葡萄糖比为 34∶36；棉花蜜为 34∶37。我们知道葡萄糖容易结晶，所以葡萄糖含量高的蜂蜜，在低温下，是非常容易产生结晶的，例如油菜蜜就比洋槐蜜容易出现结晶。

果糖和葡萄糖都是还原性的单糖，很容易被人体吸收消化，并马上转化为能量提供给人体利用，因此，食用蜂蜜后，能够使人快速消除疲劳，同时不会产生发胖的现象。

蜂蜜除了果糖和葡萄糖外，还含有少量的麦芽糖、松三糖、蔗糖、棉子糖和糊精等糖类，共达 23 种。

2.3 酸类

蜂蜜中含有多种酸类，其含量约占总量的 0.1％左右，且绝大多数为有机酸，其中最主要的是葡萄糖酸和柠檬酸，此外还有醋酸、丁酸、苹果酸等。蜂蜜中酸的种类不同和含量的差异，就形成了不同的蜂蜜在味道上的多样性。

蜂蜜中的有机酸，绝大多数是人体代谢所需的。除有机酸外，还含少量的无机酸，如磷酸等。

虽然蜂蜜的含酸量很大，但由于糖类甜味的掩盖，使人食了以后感觉不到明显的酸味。

2.4 矿物质

蜂蜜中的矿物质种类很多，大约有 18 种，其含量主要与当地的环境有关，但含量一般为 0.03％～0.90％，主要有铁、铜、钾、钠、镁、钙、锌、硒、锰、磷、碘、硅、硫、铝、铬、镍等。因为蜂蜜中的矿物质主要来自植物，而植物的矿物质主要是从土壤中吸收的，而且深色蜜的矿物质含量比浅色蜜多。

值得注意的是，蜂蜜中的矿物质种类和含量与人体中的矿物质种类和含量很相近，因此，能被人充分利用。

由于蜂蜜中含有钙、镁、钾等矿质元素，属于碱性食物。人在经过高强度长时间的运动或劳动后，肌肉会产生大量的乳酸而导致酸痛和疲劳。而食用蜂蜜可以迅速缓解这种酸痛和疲劳，这是因为蜂蜜中的果糖和葡萄糖会迅速被人体吸收并产生能量，另外还可以中和肌肉中的乳酸，从而，达到消除疲劳、恢复体力的目的。

2.5 酶类

蜂蜜中含有丰富的酶类，例如蔗糖酶、淀粉酶、葡萄糖氧化酶、过氧化氢酶等转化酶、还原酶、脂肪酶等。这些酶主要来源于蜜蜂本身，是蜜蜂在酿蜜时通过相关的腺体分泌后加入到蜂蜜中的。在这些酶类中过氧化氢酶等氧化酶类能够抑制细菌细胞膜的合成，是一类具有很强抑菌作用的酶类，也正因为这点，蜂蜜可以作为很好的防腐剂。

2.6　维生素

维生素是维持生物体生命活动不可或缺的元素，有些维生素人体是不能合成的，只有通过食物来获得。如果食物中缺乏某种维生素，人体就会出现相应的病变，补充所缺的维生素，病情就会好转，这类维生素叫必需维生素。而蜂蜜中就含有很多人体必需的维生素。因为蜂蜜中所含的维生素种类非常丰富，其中含量最多的是维生素 C，而种类最多的是 B 族维生素。

2.7　蛋白质和氨基酸

蛋白质是生命的基本特征，是人体三大营养元素之一，没有蛋白质就没有生命，人体缺乏蛋白质，生长发育缓慢，身体抵抗力下降。

不同种类的蜂蜜其蛋白质的含量也不相同，通常在 0.3%～1.7%，正因为蜂蜜中存在着蛋白质，才使蜂蜜的营养成分更加齐全。

而构成蛋白质的基本单位是氨基酸。在蜂蜜中含有丰富的游离的氨基酸，其种类达 16 种之多，其中包括人体必需的 8 种氨基酸。蜂蜜中氨基酸平均含量达 0.005% 左右。

近年来，科研工作者发现蜂蜜中还含有一种药理作用很强的氨基酸衍生物——牛磺酸，其含量平均为 0.044 2 毫克/100克。牛磺酸是天然牛黄的成分之一，它是儿童生长过程中不可或缺的一种氨基酸，是保证儿童正常生长发育不可缺少的营养素。它能够促进儿童脑细胞的增殖，促进他们神经细胞的分化和成熟，对神经细胞及其突出的形成也具有重要的作用，还能够提高机体免疫力的作用，对儿童免疫系统发育成熟的影响很大。

此外，牛磺酸还可促进视网膜的发育和提高视觉功能，能增强心肌的收缩力、降低胆固醇等作用。

2.8　芳香物质

不同品种的蜂蜜味道不同，浅色蜜味道较清香，深色蜜味道较浓郁。蜂蜜的芳香味，是由蜂蜜中的芳香物质导致的，现已发现，蜂蜜中的芳香物质是由几十种到上百种分子组成的复合物。不同蜂蜜由于所含芳香物质的品种和数量不同，就形成了蜂蜜香味的多样性。

2.9　其他物质

蜂蜜中还含有一些色素、花粉、蜡屑和一些未明成分的物质等。

3. 蜂蜜的药理作用与保健功效

（1）蜂蜜能改善血液的稠度，改善心脑血管功能，因此经常服用对于心血管病人很有好处。

（2）蜂蜜对肝脏有保护作用，能促使肝细胞再生，对脂肪肝的形成有一定的抑制作用。

（3）食用蜂蜜能迅速恢复体力，消除疲劳，增强对疾病的抵抗力。

（4）蜂蜜还有杀菌的作用，经常食用蜂蜜，不仅对牙齿无妨碍，还能在口腔内起到杀菌消毒的作用。

（5）蜂蜜能治疗中度的皮肤伤害，特别是烫伤，将蜂蜜当作皮肤伤口敷料时，细菌无法生长。

（6）失眠的人在每天睡觉前喝一杯温蜂蜜水，可以帮助尽快进入梦乡。

（7）天然成熟的蜂蜜还可以润肠通便。

（8）蜂蜜可改善男性性功能，并改善生理功能减退。

4. 蜂蜜的临床应用与典型病例

4.1 护肤美容

新鲜蜂蜜涂抹于皮肤上，能起到滋润和营养作用，使皮肤细腻、光滑、富有弹性。用法如下：

① 蜂蜜面膜：将蜂蜜用 2～3 倍水稀释后，每天涂敷面部。还可以将麦片、蛋白加入到蜂蜜中制成面膜敷面，使用时按摩面部 10 分钟，使蜂蜜的营养成分渗透到皮肤细胞中。

② 甘油蜂蜜面膜：取蜂蜜一份，甘油半份，水三份，再加入适量的面粉进行调制，制成面膜，涂抹于面部，每次在脸上敷 20 分钟左右，再用清水洗净，可使皮肤滑嫩，细腻。

③ 蛋蜜膜：新鲜的鸡蛋一个，蜂蜜一匙，将两者充分搅拌均匀，再用软刷子涂刷在面部后进行按摩。待自然风干后，用清水洗净。每周两次，具有润肤去皱、益颜美容的功效。

④ 冬季皮肤干燥，可用少量的蜂蜜加入到水中进行调制，再涂于皮肤，可防止干裂，可用蜂蜜代替防裂膏。

现代研究表明，不管是喝蜂蜜还是涂抹蜂蜜，都能够有效改善皮肤的营养状况，促进皮肤的新陈代谢，增强皮肤的活力，能够有效减少色素的沉着，能够让皮肤保持湿润，使肌肤柔软、洁白、细腻，还可以减少皱纹和防治粉刺等皮肤疾患，起到理想的美容养颜作用。另外，蜂蜜中还含有大量的维生素、氨基酸及多种活性物质，能够调节内分泌、抑制脂肪的分泌，改善脂肪酸代谢和血液循环、增强毛细血管功能，有利于血液的流动，便于将营养物质运送到皮肤层，而且蜂蜜还有很好的抑菌杀菌作用，能有效地抑制和杀灭毛囊中的细菌。因此，蜂蜜不但不会促进青春痘的生长，相反还能抑制青春痘的生长，使皮肤变得光滑柔润。

4.2　抗菌消炎、促进组织再生

优质的成熟蜂蜜可以在室温下存放数年而不会腐败，这表明蜂蜜具有极强的防腐作用。有实验证实，蜂蜜对链球菌、葡萄球菌、白喉等革兰氏阳性菌有很好的抑制作用。

具体的用法：在处理完的伤口上，涂上蜂蜜，可以减少渗出、减轻疼痛，能够促进伤口愈合，防止感染。

4.3　促进消化

大量的研究证明，蜂蜜能够调节胃肠功能，调节胃酸的分泌过程，使其恢复正常。通过动物实验还证实了蜂蜜有增强肠蠕动的功能，能够有效地缩短排便时间。蜂蜜对结肠炎、习惯性便秘都有很好的功效，且无任何副作用。

4.4　提高免疫力

蜂蜜中含有的多种活性酶和矿物质，它们通过协同作用来提高人体的免疫力。大量的实验研究证明，给小鼠饲喂蜂蜜，明显提高了小鼠的免疫功能。

用法：蜂蜜在国外经常被用来治疗感冒，咽喉炎，具体的方法是在一杯水加入 2 匙蜂蜜和半匙鲜柠檬汁，每天服用 3~4 杯。

4.5　促进长寿

苏联学者曾调查了 200 多名百岁以上的老人，其中有 143 人为养蜂人，证实他们长寿与常吃蜂蜜有关。蜂蜜促进长寿的机制较复杂，是对人体的综合调理，而非简单地作用于某个器官。

4.6　改善睡眠

蜂蜜能够缓解神经紧张，使其放松，从而有助于促进睡眠，并有一定的止痛效果。这是因为蜂蜜中含有大量的葡萄糖、维生素、镁、磷、钙等元素，它们能够调节神经系统，改善睡眠的质量。

4.7　保肝作用

蜂蜜对肝脏也有一定的保护作用，它能为肝脏的代谢活动提供充足的能量，减轻肝脏的负担，并能够刺激肝组织再生，从而起到对肝脏的修复作用。

用法：慢性肝炎和肝功能不良者，可常吃蜂蜜，以改善肝功能。

4.8　抗疲劳

由于蜂蜜中的果糖，葡萄糖可以很容易被人体吸收利用，有效地改善了血液的营养状况。所以人在疲劳的时候服用蜂蜜水，15分钟内就可以明显消除疲劳症状。

用法：从事脑力劳动者和经常熬夜的人，适时冲服蜂蜜水可使精力充沛。运动员可以在赛前15分钟服用蜂蜜，这样可以有效帮助运动员提高体能。

4.9　促进儿童生长发育

很多临床实验表明，经常食用蜂蜜的儿童与经常食用砂糖的幼儿相比，前者的各项身体指标例如体重，身高，胸围，皮下脂肪等都增加较快，而且皮肤比较光泽，且患痢疾、支气管炎、结膜炎等疾病的概率也大大降低了。

具体的做法：体质不好，身体虚弱的儿童可以适当的多食蜂蜜。另外患佝偻病的学龄前儿童，每天可以服用两三次蜂蜜，每次30～50克，坚持服用可以改善佝偻病的症状。对于患感冒的儿童，每天饮用两杯蜂蜜水，能够有助于感冒的痊愈。而对于睡眠质量不好的儿童，可以在睡前30分钟喝一杯温蜂蜜水，上床不久便可安然入睡。但周岁以内的婴儿不适宜服用蜂蜜。

4.10　保护心血管

蜂蜜有扩张冠状动脉和营养心肌的作用，改善心肌功能，对血压有调节作用。

具体用法：心脏病患者每天可服用 50～140 克蜂蜜，1～2 个月内病情可以得到改善。高血压者每天早晚各饮一杯蜂蜜水，也有益于健康。动脉硬化症者常吃蜂蜜，有保护血管和降血压的作用。

4.11　润肺止咳

蜂蜜可润肺，具有一定的止咳作用，常用来辅助治疗肺结核和气管炎。所以，虚弱多咳的人可常吃蜂蜜。蜂蜜还可用于辅助治疗鼻炎，鼻窦炎，支气管炎，咽炎和气喘。

4.12　促进钙吸收

美国人类营养中心专家发现，蜂蜜能有效防止中老年妇女钙的流失，从而能够有效预防骨质疏松。这主要是因为蜂蜜中硼元素能增加雌性激素的活性，防止钙的流失。

具体用法：一匙的蜂蜜加上适量的钙补充剂，可增加钙的吸收率。

4.13　中医用途

根据医书的记载蜂蜜可以主心肺邪气，能安五脏，主不足，补中益气，止痛解毒，和百药。又可用于中虚脘腹疼痛及肺虚咳嗽、肠燥便秘以及解乌头之毒。

此外，在中医里，蜂蜜还可以益气润肠、调护脾胃、调护脾胃、和药解毒等作用。

5. 蜂蜜的感官鉴别方法

① 闻味：单花蜜具有该种植物特有的花香味，百花蜜也具

有天然的花香味气息，但假蜂蜜就不具有这样天然的花香味，有的只是蔗糖味和香料味。

②眼观：简单地检查蜂蜜的浓度，具体的做法：将一根筷子插入蜜中搅拌均匀后，垂直提起，看蜜向下流动的速度。浓度高的蜂蜜流淌得慢，而且黏性大拉丝长，断后可以收缩成蜜球。而假蜂蜜或浓度较低的蜂蜜则反之，即便能拉长丝，断丝也没弹性，不会收缩成蜜珠。

另外也可以将一滴蜂蜜滴在纸巾上，浓度高的纯蜂蜜是半球状、不易浸透报纸，浓度低的或假的蜂蜜容易浸透报纸。

取一杯水，加入少许的蜂蜜。天然的纯正的蜂蜜会直接沉入杯底，不易溶化，用筷子慢慢搅动时，会有丝丝连连的现象，溶化的速度也较慢。如果是假蜜，则很快就会溶到水里。

看结晶，蜂蜜的结晶状况与其植物的种类和存放的温度有关，一般纯天然的蜂蜜在13～14℃时比较容易结晶。能够全部结晶的蜂蜜一般含水量低、浓度高，不容易变质，所以是优质蜜。结晶的纯天然的蜂蜜用手搓捻，手感细腻，无沙粒感。假的蜂蜜，不易结晶，或者沉淀一部分，沉淀物是硬的，不易搓碎。

③口感：纯正天然的蜂蜜，味道甜润，略带微酸，口感绵软细腻，爽口柔和，喉感略带辣味，余味清香悠久。掺假的蜂蜜味虽甜，但夹杂着糖味或香料味道，喉感弱，而且余味淡薄短促。

④化学检验：掺有淀粉的蜂蜜加入碘液颜色会变蓝，掺有饴糖的蜂蜜加入高浓度乙醇后出现白色絮状物，掺有其他杂质的蜂蜜，用烧红的铁丝插入蜜中，铁丝上附有黏物。

6. 选择蜂蜜的注意事项

①看：看蜂蜜的色泽。纯正的蜂蜜光泽透明，仅有少量花粉渣沫悬浮其中，而无其他过大的杂质。蜂蜜的色泽因蜜源植物种类的不同，颜色深浅有所不同，但同一瓶中的蜂蜜应色泽

均一。

② 闻：闻蜂蜜的气味。开瓶后，新鲜蜂蜜有明显的花香，陈蜜香味较淡。加香精制成的假蜜气味令人不适。单花蜜具有其蜜源本身的香味。

③ 尝：尝蜂蜜的口味。纯正的蜂蜜不但香气怡人，而且口尝会感到香味浓郁。掺假的蜂蜜，上述感觉变淡，而且有糖水味、较浓的酸味或咸味等。

④ 挑：检查蜂蜜的含水量。我国很多地方的养蜂者为了提高蜂蜜的产量，经常取未成熟蜜，因此蜂蜜中含水量高，而且蔗糖的含量也比较高。市场上出售的蜂蜜大部分是经过加工、浓缩的方法使其含水量相对较低。用筷子或手指挑起蜂蜜时，蜂蜜能拉丝则此蜂蜜含水量较低，无拉丝现象说明含水量高。也可滴一滴蜂蜜在草纸上，水迹易扩散者，说明含水高。纯净蜂蜜呈珠球状，不扩散。

⑤ 捻：观察和感觉结晶情况。夏天气温高，蜂蜜不易结晶；冬季气温低，蜂蜜容易结晶。有些蜂蜜本身易结晶有些则不宜结晶。有些人对蜂蜜结晶有误解，认为一结晶就是假蜂蜜或掺假的，这是不正确的。蜂蜜结晶呈鱼子或油脂状，细腻，色白，手捻无沙粒感，结晶物入口易化。掺糖蜂蜜结晶呈粒状、手捻有沙粒感觉，不易捻碎，入口有吃糖的感觉。

⑥ 溶：将蜂蜜溶解在水里，搅拌均匀，静置，若蜂蜜中有杂质则会上浮或下沉。蜂蜜是一种天然产品，少量杂质并不影响蜂蜜本身的质量。

⑦ 冷藏结晶检验：蜂蜜在 4 ℃的环境下保存一段时间后会变成固体，这是蜂蜜的一种物理现象。真蜂蜜的结晶体用筷子一扎一个眼，很柔软，假蜂蜜扎不动。真蜜用手捏，其结晶体很快溶化，假蜜有硌手的感觉，溶化慢或不溶化。真蜜结晶体用牙咬声音小，而假蜜结晶体则清脆响亮。倒出蜂蜜，等它稍为凝固后，如果是真的蜂蜜会形成如蜂巢状的六边形结构，假的没有。

总之，鉴定蜂蜜的真假，单用一种方法有可能出现某些误差，你可同时应用多种方法去鉴定一种蜂蜜，一般情况下，便可断定蜂蜜的真假。

常见单一蜂蜜的种类与特点

① 百花蜜：采于百花丛中，汇百花之精华，集百花之大全。清香甜润，营养滋补，具蜂蜜之清热、补中、解毒、润燥、收敛等功效，是传统蜂蜜品种。

② 八叶五加蜜（冬蜜）：源于鸭脚木花蜜，是岭南特有冬季蜜种，故俗称"冬蜜"。其色泽为浅琥珀色，较易结晶，质地优良，味甘而略带特有苦味。除具有蜂蜜之清热、补中、解毒、润燥等功效外，还有发汗解表、祛风除湿之功效，对感冒发热、咽喉肿痛、风湿关节痛有较好辅助疗效。是带有中药特色的蜂蜜品种，深受东南亚地区人们喜爱。

③ 龙眼蜜：是南方特有的蜜种，具有龙眼的香气。它具有益心脾、补气血的作用，有养血安神、开胃益脾、清热润燥，养颜补中之功效。特别适宜妇女食用。

④ 荔枝蜜：盛产南方，荔枝被誉为"果中之王"。荔枝蜜采自荔枝花蕊之花蜜，气息芳香馥郁，味甘甜，微带荔枝果酸味。有其特殊的生津益血、理气补中、润燥之功效，既有蜂蜜之清润，却无荔枝之燥热。是岭南特有的蜜种，馈赠远方亲友"不辞长作岭南人"的特等蜂蜜。

⑤ 椴树蜜：是我国东北特有蜜种。蜜色为浅琥珀色，具有浓郁的香味，容易结晶。它具有养胃补虚、清热补中、解毒润燥之功效，有一定的镇静作用。较受欧洲人喜欢，是难得的森林蜜种。

⑥ 紫云英蜜又名红花草蜜或草子蜜，是我国南方春季主要蜜种。具有大自然清新宜人的草香味，甜而不腻，鲜洁清甜，色泽为浅琥珀色。它具有清热解毒、祛风明目、补中润燥、消肿利尿之特殊功效。对风痰咳嗽、喉痛、火眼痔疮等有一定的辅助疗效，是虚火旺盛人士的保健佳品。

⑦ 洋槐蜜：是春季蜜种。色泽白而透明，质地浓稠，不易

结晶；具有清淡幽香的槐花香味，甘甜鲜洁，芳香适口。它具有槐花之去湿利尿、凉血止血之功效，能保持毛细血管正常的抵抗能力，降低血压，并用于预防中风，同时亦有清热补中、解毒润燥之功效。为蜜中上品，较适用于心血管疾病的患者的食用。

⑧ 野桂花蜜：是稀有的蜜种，采自深山老林冬天开花泌蜜的野桂花花蜜。香气馥郁温馨、清纯优雅，味道清爽鲜洁、甜而不腻，色泽水白透明，结晶细腻。被誉为"蜜中之王"。柃木桂花也是一种稀有中草药，《中药大辞典》中记载：柃木桂花"祛风除湿，治关节疼痛……"其有效成分菊甙已被证明有良好的营养保健作用。桂花蜜同时还有清热补中、解毒润燥等功效，深受国内外人士的喜爱，在古代则是皇宫的贡品。

⑨ 黄连蜜：是采自我国中草药黄连的花蜜，它不仅继承了黄连的药性还有蜂蜜的特点，所以它不仅具有天然蜂蜜的保健营养价值，还具有这种名贵中药的医疗效果。黄连蜜色泽微黄，香味特别；甜中微苦，甜而不腻，真可谓良药并不苦口，疗效却依然不输分毫。它具有清热祛湿、泻火解毒、抗菌消炎之功效，有镇静、降温、去火的效果。特别适用于平时烟酒过多、心火旺盛、心情烦躁之人士的食疗保健食用。

⑩ 五倍子蜜：中药蜜种。采自涩肠止泻的五倍子花蜜，色泽略深，味甘甜，略有中药香气。它具有解毒、治腹泻、杀菌及收敛作用，对肺肾双虚、脾肾虚寒、气促喘乏、痰火郁肺等有良好的辅疗效果。特别适合虚汗、肺虚、肾虚、久泻久痢、痔血、便血等人士的日常食疗保健之用。

⑪ 藿香蜜：是蜜蜂采自一种稀有野生中药——藿香的花蜜酿制而成。色泽呈琥珀色，气味独特，有中药的香气。它除了具有普遍的营养保健作用外，更在于解暑化湿，肠胃不适、恶心呕吐，清热解毒等方面有良好的辅助疗效。是胃肠功能欠佳、消化不良、体质虚弱人士的理想食疗保健品。

⑫ 柑橘蜜：采自柑橘的花蜜，色泽为浅琥珀色，具有浓郁

的橙花香气，味甘甜微酸，鲜洁爽口。它具有生津止渴，醒酒利尿的功效，食之下气，利肠胃中热毒，除烦醒酒。同时还有养颜正气、化痰、消滞、补中，润燥之功效，它适用于脾胃燥热、腹胀、胃肠道疾患者的保健食用。

⑬ 丹参蜜：是蜜蜂采自中药丹参的花蜜酿造而成的纯天然蜂蜜，具有丹参"生新血、去恶血"的功效。适用于女性月经不调、行经腹痛等症，此外，丹参蜜还可以"凉血消肿、清心除烦"。

⑭ 黄芪蜜：黄芪是治疗气虚不可缺少的药物之一。黄芪蜜采自天然黄芪花，具有中药黄芪之益卫固表、利水消肿的功效，从而起到升举中气、利尿、减轻肾炎、降低血压、强壮身体的作用。可补气固表，适用于气虚多汗者保健食用。

⑮ 桔梗蜜：桔梗是治疗咽喉肿痛的主要中草药，有宣肺散邪、祛痰排脓的功效。桔梗蜜来自于天然桔梗花蜜，既具蜂蜜之清热补中润燥的功效，更是适用于外感性的咳嗽、胸闷、痰多者的食疗保健佳品。

⑯ 枇杷蜜：是由勤劳的蜜蜂采集开花的枇杷花蜜酿造而成。甘甜上口，蜜中上品。枇杷蜜具有枇杷"主治肺热喘咳、胃热呕吐、烦热口渴"的药效，有清肺、泄热、化痰、止咳平喘等保健功效，是伤风感冒、咳嗽痰多患者的理想选择。

⑰ 党参蜜：是蜜蜂采自名贵中药材党参的花蜜酿造而成，味甘平，色泽呈琥珀色。它除有蜂蜜的特性外，更益于补中、益气生津，对脾胃虚弱、气血两亏、体倦无力、妇女血崩、贫血有辅助疗效，适于体虚、胃冷、慢性胃炎、贫血者的保健食用。

⑱ 益母草蜜：采自益母草的花蜜酿造而成，它具有去瘀生新、调经活血等作用。适合月经不调、经血过多、产前产后女性食用，充分体现出对女性的呵护。对于男性，特别是高血压、冠心病等人士来说，益母草蜜同样是理想的保健食品和辅助治疗的健康食品。

⑲ 枸杞蜜：来自我国名贵中药枸杞子，是蜜蜂采集枸杞花蜜酿造而成。它既有蜂蜜传统的营养保健价值，更因它是枸杞的精华，具有补肾益精、养肝明目、润肺止咳的功效。它适合血气两亏、高血压、体质虚弱、视力下降、贫血、慢性肝炎、中毒性肝病及胆道系统引起的肝功能障碍等人士服用。特别适应于肾虚腰痛、遗精滑精、工作繁忙的男性食用。

⑳ 油菜蜜：浅琥珀色，略混浊，有油菜花的香气，略具辛辣味，贮放日久辣味减轻，味道甜润；极易结晶，结晶后呈乳白色，晶体呈细粒或油脂状。性温，有行血破气、消肿散结的功能，和血补身。

7. 蜂蜜的食用与保存

7.1 食用方法

新鲜蜂蜜可直接服用，也可配成温水溶液服用，但绝不可用开水冲或高温蒸煮，因为加高温后有效成分如酶等活性物质被破坏。蜂蜜最好使用 40 度以下温开水或凉开水稀释后服用，最高温度不能超过 60 度。

7.2 服用剂量

作为治疗或辅助治疗，成人一天 100 克，不要超过 200 克，分早、中、晚三次服用，儿童食用量为 30 克最好，但应视年龄大小而定。用于治疗，以两个月为一个疗程；作为保健服用量可酌情降低，一般每天 10～50 克。

不可用开水冲或高温蒸煮蜂蜜，因为不合理的加热，会破坏蜂蜜中的营养物质，会使蜂蜜中的酶失去活性，颜色变深，香味挥发，滋味改变，食之有不愉快的酸味。

蜂蜜的食用时间也大有讲究，一般均在饭前 1～1.5 小时或饭后 2～3 小时食用比较适宜。

蜂蜜不能盛放在金属器皿中，以免增加蜂蜜中重金属的含量。

主要生物活性物质，其分子量为 2 840，它的含量约占干蜂毒的 50%。

2.2 蜂毒明肽

也是蜂毒中另一种非常重要的多肽，它的含量占干蜂毒的 3% 左右。它是由 18 个氨基酸组成，分子量大小为 2 035。它是蜂毒中各组分中最小的神经毒肽，可透过血脑屏障。

2.3 MCD-肽

是蜂毒多肽类物质的第三种主要多肽物质，其含量占蜂毒干重的 2% 左右，由 22 个氨基酸组成，分子量 2 593。

2.4 心脏肽

它是由 11 个氨基酸组成，分子量大小为 1 940，其含量约占蜂毒干重的 0.7%。

2.5 安度拉平（安度肽）

它由 103 个氨基酸组成，分子量为 11 092。

2.6 其他

四品肽（托肽品）：由 20 个氨基酸组成，约占蜂毒干重 1%。具有神经活性。

镇定肽（赛卡品）：由 24 个氨基酸组成，占蜂毒干重 1%。与蜂毒肽的生物活性相似，具有镇静的作用。

含组胺肽（普鲁卡胺）：它具有两种分子结构。分别占蜂毒干重的 0.8% 左右。它是人类第一次从自然界中获得的含有组织胺的多肽。

2.7 蜂毒中酶类物质

蜂毒中的酶类多达 55 种以上，其中最主要的酶类有透明质

7.3 蜂蜜的储存

蜂蜜应该保存在低温避光处。另外蜂蜜是弱酸性的液体，它能与金属发生化学反应，所以在贮存过程中要避免与铅、锌、铁等金属接触，防止金属对蜂蜜的质量产生影响。因此，应使用非金属容器例如陶瓷、玻璃瓶、无毒塑料桶等容器来贮存蜂蜜。另外蜂蜜在贮存的过程中还应防止串味、吸湿、发酵、污染等。为了避免串味和污染，蜂蜜不得与有异味物品（如汽油、酒精、大蒜等）、腐蚀性的物品（如化肥、农药、石灰、碱、硝等）或不卫生的物品（如废品、畜产品等同储存）。目前国家规定瓶装蜜的保质期是 18 个月。但完全成熟的高浓度的蜂蜜可以保存多年而不变质。但吃蜂蜜还是吃新鲜为好，因为新鲜的蜂蜜色、香、味口感较好！

8. 蜂蜜美容小配方

（1）蜂蜜＋水

蜂蜜含有的大量能被人体吸收的氨基酸、酶、激素、维生素及糖类，有滋补护肤的美容作用。用蜂蜜加 2～3 倍水稀释后，每日敷面，可使皮肤光洁、细嫩。

（2）蜂蜜＋醋

蜂蜜和醋各 1～2 汤匙，温开水冲服，每日 2～3 次，按时服用。长期坚持，能使粗糙的皮肤变得细嫩润泽。

（3）蜂蜜＋鸡蛋＋橄榄油

蜂蜜 100 克，鸡蛋一个搅和，慢慢加入少许橄榄油或麻油，再放 2～3 滴植物精油，彻底拌匀后放在冰箱中保存。使用时，将此混合剂涂在面部（眼睛、鼻子、嘴除外），10 分钟后用温水洗去，每月做两次（多做效果更佳），能使颜面细嫩，青春焕发。

（4）蜂蜜＋苹果＋乳脂

将苹果煮沸，捣碎，加入蜂蜜与乳脂，制成润肤面膜膏，敷

面令你肤洁如玉。

（5）蜂蜜＋鸡蛋清

蜂蜜 50 克，鸡蛋清 1 个，两者搅拌均匀，睡前用干的软刷子刷在面部，慢慢进行按摩，约 30 分钟自然风干后，用清水洗去，每周 2 次。

（6）蜂蜜＋甘油＋水＋面粉

蜂蜜 1 份、甘油 1 份、水 3 份、面粉 1 份，混合均匀制成敷面膏，敷于面上 20 分钟后，用清水洗去，此法适用于普通干燥性衰萎皮肤。功效：可使皮肤嫩滑细腻，除去皱纹及黄褐斑，并能治疗疖子、痤疮。

（7）蜂蜜＋鲜蜂王浆＋鸡蛋清＋花粉＋水

蜂蜜 1 匙、鲜蜂王浆 1 匙、鸡蛋清 1 个，加入适量花粉和水调成糊状，涂于面部，30 分钟后用温水洗去，再用鲜蜂王浆 1 克加少许甘油调匀涂于面部，每周一次。功效：对清除脸部黑斑及暗疮特别有效。

（8）蜂蜜＋奶粉＋鸡蛋清

蜂蜜 1 匙、奶粉 1 份、鸡蛋清 1 个，混合均匀制成面膜，用棉签将其在脸上涂上薄薄一层，20 分钟后用温水洗去。连续使用 1 个月。功效：对干燥的皮肤有明显效果。

第五节　蜂毒与人类健康

1. 蜂毒的应用史

根据史料记载，西方一些国家例如古代埃及、印度、罗马以及中国在很久以前都曾经用蜂毒治疗过风湿病，还有国外很久以前的文献也记载有曾经用蜂毒治疗风湿病的案例。

19 世纪末很多研究者开始对蜂蜇疗法进行了系统性的临床研究，例如 1888 年维也纳医师特尔曾用蜂蜇治疗 173 个风湿病病例，效果非常显著，也正因为如此，后来这种疗法就流传到整

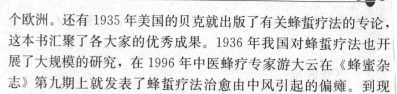

个欧洲。还有 1935 年美国的贝克就出版了有关蜂蜇疗法的专论，这本书汇聚了各大家的优秀成果。1936 年我国对蜂蜇疗法也开展了大规模的研究，在 1996 年中医蜂疗专家游大云在《蜂蜜杂志》第九期上就发表了蜂蜇疗法治愈由中风引起的偏瘫。到现在，由于科技的进步，世界各国纷纷开始研究蜂毒的成分，以期对蜂毒有更深的了解，期望建立起更加详细的资料库。

蜂毒是工蜂毒腺和副腺分泌并混合而成的具有芳香气味的一种透明液体，它贮存在蜜蜂的毒囊中，垫刺时由螫针排出。味苦、呈酸性反应，pH 为 5.0～5.5，比重为 1.131 3。在常温下很容易挥发，其挥发量可达到 70％左右，它的这种挥发物成分非常复杂，据气相分析检查至少含有 12 种以上，其中包括以乙酸异戊脂为主的报警激素，由于它在采集和制作的过程中极易丢失，因而在讲述蜂毒的化学成分时通常被忽略了。另外蜂毒极易溶于水、甘油和酸，但不溶于酒精。实验证明在严格封闭的条件下，即使在常温下，蜂毒的活性也可以保存数年而不变。

2. 蜂毒的主要成分

蜂毒是一种成分非常复杂的混合物，其中水分含量占全蜂毒的 80％左右，还含有若干种蛋白质多肽类、酶类、组织胺、酸类、氨基酸以及一些微量元素等。多肽类物质包括蜂毒肽、蜂毒神经肽等，它们占干蜂毒的比例分别为 50％和 3％。蜂毒中酶类的种类非常多，有 55 种以上，其两种非常重要的酶类分别是磷脂酶 A2 和透明质酸酶，它们的含量分别占干蜂毒的 12％和 3％。

蜂毒的主要成分多肽类占干蜂毒的 70％～80％，它可分为蜂毒肽、蜂毒明肽、MCD－肽、心脏肽、镇定肽（赛卡品）、四品肽（托肽品）、安度拉平（安度肽）等。

2.1　蜂毒肽

它是由 26 个氨基酸组成，是蜂毒多肽类物质的主要成分及

酸酶、磷脂酶 A_2、酶抑制剂、溶血磷脂酶、酸碱性磷酸酯酶等。

透明质酸酶：其含量约占干蜂毒的 $2\%\sim3\%$，分子量大小为 $42\,000\sim44\,000$，具有很强的局部生物活性，它可以通过水解透明质酸，而使细胞之间失去黏聚力，从而有利于蜂毒在局部组织间渗透和扩散。

磷脂酶 A_2（PLA_2）：由 129 个氨基酸组成，其分子量为 $14\,500$，占蜂毒干重的 12%。它具有很多重要的生理作用：①它能够迅速水解生物膜上的磷酯酰卵磷脂，从而破坏膜的结构，当生物膜被完全溶解后，蜂毒的其他成分就非常容易进入细胞内，发挥其生物活性作用。②它具有很强的溶血活性。当蜂毒肽破坏了红细胞的细胞膜时，红细胞的结构就被破坏了，因此磷脂酶 A_2 是间接溶血。③促进组织胺的释放，减少外周阻力，降低血压。④具有抗凝和纤溶作用，可防止血栓栓塞的形成。

酶抑制剂：蜂毒中含有蛋白酶抑制剂，这种酶呈碱性，分子量比较小，但稳定性比较好，而且比较耐热，不易被蛋白酶水解，能够起到保护透明质酸酶、PLA_2 及各种活性多肽物质免遭蛋白酶的水解。

溶血磷脂酶：它是一种糖蛋白，不耐热，此酶活性为溶血。

2.8　非肽类物质

蜂毒中除了含有肽类和酶类之外，还含有组织胺，游离氨基酸、碳水化合物、脂类、激素及其他各种生物胺类化合物，目前科学界一致认为蜂蛰疼痛是由生物胺类引起的，同时生物胺类也是蜂毒中的抗炎物质。

（1）组织胺

蜂毒中组织胺含量会随着工蜂日龄变化而变化。有研究者证实：刚出房的工蜂，毒囊中组织胺含量非常少，当工蜂到 $14\sim15$ 日龄时其蜂毒中组织胺的含量达到 $1.4\pm0.5\ \mu g$；而到了 $21\sim22$ 日龄时其组织胺的含量却降至 $0.9\pm0.7\ \mu g$；但在 $28\sim29$ 日龄时组织胺的含量又增加到 $2.1\pm0.4\ \mu g$；而到 $35\sim36$ 日龄时组

织胺的含量又降到 $1.5\pm0.4\ \mu g$。据检测蜂毒中组织胺的含量占蜂毒重量的 $0.1\%\sim1.5\%$。组织胺的生物作用：主要是引起平滑肌和骨骼肌的紧张收缩，使皮肤灼痛。

（2）儿茶酚胺类

主要包括多巴胺、去甲肾上腺素和 5 - 羟色胺，其含量也与工蜂的日龄和季节有关。

① 多巴胺：它是去甲肾上腺素的前身物质，经研究发现蜂毒中多巴胺含量在工蜂 $14\sim15$ 日龄时可达 $0.8\pm0.5\ \mu g$，且在 8 月中旬时蜂毒中多巴胺含量最高，可达 $4.3\pm1.1\ \mu g$，这时是活蜂蜇刺的最佳时期，产生的生物效应更明显，同时也参与疼痛调节。

② 去甲肾上腺素：总体上，它在蜂毒中的含量会随着工蜂日龄的增加而逐渐增多的，当工蜂 $21\sim22$ 日龄时蜂毒中去肾上腺素的含量达 $0.4\pm0.3\ \mu g$。而后一度下降，又逐渐增加，在 $35\sim36$ 日龄时其含量高达 $0.5\pm0.2\ \mu g$，它和多巴胺都是蜂毒中的抗炎物质。

③ 5 -羟色胺：在蜂毒中含量非常少，为单胺递质，也参与了疼痛调节。

3. 蜂毒的药理学作用

3.1 促肾上腺皮质激素样作用

实验证明大白鼠在经过蜂蜇后，其体内的肾上腺维生素 C 与胆甾醇的含量均降低，两者的降低似乎有同步的趋势，但维生素 C 的降低趋势更为明显，此作用与注射促皮质激素相似，研究发现 1 只蜜蜂的蜂毒量蜇入大白鼠体内，其产生的效果约等于 4 个单位的促皮质激素的作用。在临床上蜂毒可治疗风湿性关节炎、支气管哮喘等。对大鼠甲醛性关节炎也有治疗作用，这可能是由于蜂毒的有效成分通过垂体—肾上腺系统而发挥治疗作用。

3.2　对中枢神经系统的作用

蜂毒有箭毒样及神经节阻断剂样作用，浓度为 1∶1 000 的蜂毒首先使神经肌肉收缩而后松弛，此时用电击刺激神经时，不能引起膈肌收缩，但神经的传导性并未丧失，表明蜂毒仅能阻滞由神经传至肌肉的冲动。蜂毒对抗肾上腺素和去甲肾上腺素对离体肠管的抑制作用。用剂量为 2.5 毫升/千克的蜂毒注射小白鼠，可以延长环己巴比妥、水合氯醛、乌拉坦等对小鼠的催眠作用；实验发现此剂量的蜂毒还可以防止士的宁和烟碱所引起的惊厥。

3.3　对循环系统的影响

用剂量为 0.2 毫升/千克的蜂毒给猫、狗静脉注射，可以导致它们血压下降和心跳加速，此毒素对神经末梢的 M‑胆碱能受体及中枢的 N‑胆碱能受体都表现出解胆碱作用；同时对乙酰胆碱、氨甲酚胆碱刺激迷走神经引起的降压有抑制作用，但对金雀花碱、肾上腺素刺激交感神经所引起的血压变化而没有影响。

3.4　对免疫功能的影响

对小鼠进行腹腔注射小剂量的蜂毒时，会对小鼠的体液免疫产生抑制作用，并使小鼠血清中抗体的浓度上升；但当蜂毒剂量增加至每只 5~80 微克时，则会引起免疫抑制现象。大量的临床研究表明，蜂毒对人体的过敏现象主要取决于人体对蜂毒的敏感性。发现对蜂毒比较敏感的人血液中 IgE 的含量比较高，但 IgG 含量却很低，这表明蜂蜇而导致的过敏是蜂毒对特殊的 IgE 作用的结果，而蜂蜇引起的免疫反应则是蜂毒与特殊的 IgG 作用所致。

3.5　蜂毒对心血管系统的影响

蜂蜇都会引起动物和人的呼吸加快，这主要是由于蜂毒导致血压降低而引起的反射反应，据研究发现大剂量的蜂毒可引起呼吸中枢麻痹，这就是大剂量蜂毒致人休克甚至死亡的原因。

近年来，一些研究者研究了蜂毒肽对心血管系统的影响，当给家兔静脉注射 1.5 毫克/克蜂毒肽时，会引起家兔窦性心动过速、心律不齐和房室传导阻滞。对家兔的胸主动脉条，蜂毒肽可以减弱由去甲肾上腺素引起的肌肉收缩，而当蜂毒肽的浓度比较高时，它的这种作用就会减弱，同时伴随着 PGI_2 的生成。高浓度蜂毒肽引起的这种结果被研究者一致认为是因为内皮的死亡和损伤导致 EDRF 释放减少所引起的。当给猫按 1 毫克/千克静脉注射蜂毒肽时，可使血压立刻降低至不可逆休克水平。

3.6 其他作用

蜂毒还可以起到镇痛的作用，可应用于各种神经痛，还能起到抗菌作用，将蜂毒用水稀释 50 000 倍就可以抑制细菌的生长。这主要是由于它提高了机体的防御机能，促进了机体的恢复速度。

3.7 蜂毒中多肽类物质的药理作用以及作用机理

（1）蜂毒肽的主要药理作用及作用机理

① 蜂毒对神经系统具有抑制作用。

第一，抑制中枢神经系统，表现为对胆碱能神经的阻滞，造成半球皮层和皮质下的广泛抑制。第二，抑制植物交感神经系统的兴奋传导，使胃肠平滑肌的活动和兴奋性增强。第三，抑制周围神经冲动的传导，阻碍或延迟其传导速度。

② 抗凝、纤溶作用。

主要是通过抑制凝血活酶和凝血酶原激活物的生成，以及抑制血小板的聚集，可以消除血栓形成前状态，临床可用于动脉粥样硬化和血栓形成的防治。蜂毒肽通过破坏红细胞膜的通透性，具有直接溶血作用。

③ 降压、抗心律失常，改善脑血流及心肌功能作用。

蜂毒肽可通过破坏肥大细胞和亚细胞结构来促进组胺的释

放，使血液中组胺的含量增加，降低外周阻力而达到降压的目的，在释放组胺的同时其释放的活性化合物可作用于脑血管，它通过扩张脑血管，增加脑血管的通路来增加脑的血流量，所以特别适用于由高血压病引起的脑循环障碍；另外它还有促进冠脉血流的速度，改善心肌的供血状况，提高心脏功能，同时对垂体-肾上腺系统具有很强的刺激作用，使血浆皮质醇与尿17-酮固醇含量增加，表现为较强的抗心律失常的作用。另外还有降低胆固醇作用。

④ 抗炎、调节免疫作用。

对炎症、肿胀可以起到直接地抑制作用；并刺激垂体—肾上腺系统释放皮质激素，还可直接增加血浆中皮质醇的含量；限制白细胞的移行，从而达到抑制炎症的局部反应的效果。可用于治疗胶原组织疾病、免疫系统疾病。

⑤ 清除自由基，抗炎、抗衰老、抗突变、防辐射的作用。

⑥ 抗肿瘤的作用。

抑制肿瘤组织的氧化磷酸化过程，抑制组织代谢，而达到对肿瘤的抑制作用。

⑦ 参与疼痛阈值的调节。

（2）蜂毒明肽的主要药理作用及作用机理

① 对神经系统作用：能阻断支配胃肠道平滑肌神经的抑制性冲动的传导，使胃肠平滑肌兴奋性增高，而呈收缩状态；可作用于脊髓的中间神经元、下行的网状脊髓束和前庭脊髓束，或大脑导水管周围中央灰质，影响动作的有机协同。

② 强心、抗心律失常作用：具有很强的 β-肾上腺素样作用，扩冠，增加心肌供血，使心肌收缩力明显增强，心率加快，心脏泵血功能增强，可用于治疗心衰；具有异丙肾上腺素样作用，且比异丙肾上腺素维持时间长（约10倍），抗心律失常。

③ 增加毛细血管的通透性，改善微循环。

④ 抗炎、调整免疫：直接升高血浆皮质醇或刺激垂体—肾

上腺系统促进皮质激素的分泌；抑制 5-羟色胺活性。

⑤ 修复营养不良的细胞：在强直肌肉中存在蜂毒明肽的受体，蜂毒明肽可以通过与其受体结合而发挥营养肌细胞治疗的作用。可用于治疗强直性脊柱炎、多发性硬化症。

（3）MCD-肽主要的药理作用

① 降压：促进肥大细胞脱颗粒，释放组胺降低外周阻力而降压；同时释放组胺和 5-羟色胺，参与炎症反应。

② 抗炎、调节免疫作用：刺激垂体-肾上腺皮质系统作用，使皮质激素分泌增加，发挥抗炎、免疫调节作用；并通过降低毛细血管通透性，阻止白细胞游走，抑制前列腺素 E_2 的合成而发挥抗炎作用。MCD-肽抗炎作用是氢化考的松的 100 倍，是水杨酸钠的 2 倍。

③ 其他：抗心律失常，改善脑血流，还有中枢神经系统活性作用。

（4）心脏肽的主要的药理作用

强心、抗心律失常作用：具有很强的 β-肾上腺素样作用，扩冠，增加心肌供血，使心肌收缩力明显增强，心率加快，心脏泵血功能增强，可用于治疗心衰；具有异丙肾上腺素样作用，且比异丙肾上腺素维持时间长（约 10 倍），抗心律不齐。

（5）安度拉平的主要的药理作用

一种前列腺 E 的拮抗剂，具有很强的抗炎和镇痛活性。

① 通过抑制微粒体环氧化酶的活性，抑制前列腺素的合成。抑制脑环氧化酶的作用为消炎痛的 70 倍。

② 通过与脑内阿片受体相结合，通过中枢神经而发挥镇痛作用。

4. 蜂毒的临床应用与典型病例

4.1 结缔组织疾病

结缔组织疾病的基本病变是疏松结缔组织的黏液样水肿和类

纤维蛋白变性，这类疾病中常见的是风湿病和类风湿性关节炎。

自 18 世纪以来，报道蜂毒治疗风湿病的文章和研究已屡见不鲜。1888 年，特尔什就曾报告了用蜂蜇的方法治愈 173 例风湿症病人的事实。而后有国外研究者用蜂毒治疗 666 例患有风湿症的病人，其临床结果表明，其中有 554 人得到痊愈，99 人有显著效果。我国医务工作者在用蜂毒治疗风湿病、类风湿性关节炎方面也获得理想疗效。

4.2　神经炎和神经痛

蜂毒对治疗神经痛和神经炎有良好的疗效。1960 年波德罗夫用蜂毒治愈了 100 例三叉神经痛患者。1959 年索科洛夫用蜂毒治疗 51 例脊神经炎患者，结果 43 名治愈，4 名明显好转，4 名症状改善。目前在临床中，蜂毒已被广泛应用于治疗坐骨神经痛、三叉神经痛、枕神经痛、背神经根炎等。

4.3　心血管疾病

蜂毒对于心血管疾病具有很好的疗效。1958 年科诺年科用蜂毒治疗 830 例高血压，完全治愈的有 289 例，血压显著降低的 420 例，无效的 121 例，有效率为 85%。

4.4　变应性疾病

支气管哮喘是一种常见的发作变应性疾病。有研究者曾用蜂毒治疗 140 例此类病症患者，在这过程中他分两个途径，50 例用蜂蜇治疗，90 例用蜂毒注射。结果表明多数患者疗效显著，哮喘现象也消失了，呼吸困难的现象也减轻了，全部患者感觉蜂毒有祛痰作用，总有效率达 80%。

5. 蜂毒疗法

将蜂毒导入人体内的方法有几种，但由于蜂毒对某些人有致敏作用，所以无论采用哪种治疗方法，均必须在治疗前进行过敏试验，观察治疗对象对蜂毒是否过敏，若不过敏，可采用蜂毒进行治疗。

5.1 蜂蜇法

活蜂蜇刺法是最常见的蜇刺方法，将蜜蜂尾部对准穴位或痛点于皮肤接触，蜜蜂就会自觉弯曲尾部伸出蜇针刺入皮肤，由于蜇针前部有倒钩，当撤离蜜蜂时，蜇针还停留在皮肤内，蜇针上端的毒囊还会自动继续收缩，使蜇刺深入并自动将蜂毒注入。待蜇针不再收缩，这就表明全部的蜂毒均以注入皮肤。一般留针时间为 10～20 分钟。活蜂蜇刺恰好是皮内蜇刺，皮肤内分布有大量的感觉神经末梢，其触觉、痛觉敏感，活蜂蜇刺剧痛。

5.2 蜂针疗法

蜂针疗法是蜂蜇疗法与我国的传统针灸相结合，以蜜蜂的蜇针代替针灸中使用的钢针。方法是：按病人来诊时间，用 ZW-82 型子午流注计算仪求出该时辰应选的穴位或经络，然后用镊子夹蜜蜂在选定的穴位蜇刺。由于蜂针疗法对原始的蜂蜇疗法更精细，效果更好，所以蜂针疗法很快由我国传入日本、朝鲜、马来西亚等国。

5.3 蜂毒电离子导入法

蜂蜇疗法和蜂针法虽然效果都比较好，但由于治疗过程比较疼苦，有些病人无法忍受，再加上活蜜蜂不易保存，所以也在一定程度上限制了它的使用，为了解决这个弊病，有人发明了蜂毒电离子导入法。具体方法是：先将蜂毒冻干粉与生理盐水配成一定比例的溶液，然后将该溶液均匀地浸湿衬垫，并接通两极的电源，利用直流电通过无损伤皮肤将蜂毒离子导入体内。治疗后，皮肤略有充血、微肿和轻度的痒感。

5.4 蜂毒注射法

这种方法就是将蜂毒制成各种制剂，然后通过皮下注射来治疗疾病。此法简单易行，而且不受地区、季节、活蜂保存问题的限制。但由于在生产蜂毒制剂时，蜂毒中的挥发性物质极易丢失，因此治疗的效果就不如上面的方法有效。

5.5 超声波透入法

超声波透入法就是利用超声波治疗机将蜂毒导入机体。这种方法是先将蜂毒局部涂抹在患处，再将声头轻轻压在涂过蜂毒的皮肤上，做有规律地移动按摩，但必须保证声头一直要通过接触剂才能接触人体，并且中间不能留有空隙，只有这样才能连续开机。每次10～15分钟，每日1次，3周为一疗程。

5.6 红外线导入法

红外线导入法是将液状的蜂毒制剂均匀地涂抹体表的穴位或患处，然后用红外线灯直接照射，以红外线的温热作用及化学作用，使体表毛孔放大，加速蜂毒药液自动渗入体内。此法，既有蜂毒药疗，又有红外线热疗两结合。特别适用于痛风、关节炎症，皮肤不能触碰的多种疾病的治疗。

5.7 蜂毒雾化吸入法

蜂毒雾化吸入法是将蜂毒水溶液雾化，对准病人的呼吸道吸入，借助人肺脏肺泡巨大的表面积，由肺泡吸收蜂毒入血发挥治疗作用。人的肺脏由300万个肺泡组成，肺泡内布满无数毛细血管网，将所有肺泡展开，其面积为40米^2，因此吸收药物极为迅速。

5.8 蜂毒软膏、贴膏外用

制作蜂毒软膏的方法和其他软膏一样，首先用蜂毒做主要原料，再加入可以软化表皮层角质的药物，然后用凡士林做基质，均匀混合而成。其具体的配方为：蜂毒含量为1％，软化表皮角质的水杨酸含量为3％，其余为凡士林。一般蜂毒软膏基础上还可以制成蜂毒贴膏，适用于风湿及风湿性关节炎、肩周炎、脊椎病、骨质增生、坐骨神经痛、腰肌劳损、腱鞘炎等引起的疼痛不适，具有康复保健的作用。

5.9　蜂毒外擦剂

蜂毒外擦剂和软膏相似，但它为液体，在其中更易于添加其他药物作为增效剂，非常方便于涂后按摩，涂后刮痧等，疗效非常显著。

5.10　蜂毒片剂和胶丸

蜂毒还可以做成片剂，使用之前放入水中溶解即可，再利用电离子导入。也可以将蜂毒加入到淀粉、糖粉等中制成口服片剂。新西兰就研制了一种蜂毒多肽口服药，目的在于提高蜂毒多肽口服药的生物利用度。

6. 蜂毒疗法应注意的问题

6.1　蜂毒的过敏现象

不同的人对蜂毒的反应程度也有所差异。绝大多数人在接受蜂毒治疗时，在蜜蜂蜇刺的部位会出现红、痛、肿、痒的这种局部反应，但过几小时或过几天会自然消失。但是极少数人在接受蜂毒治疗时，会发生呕吐、腹痛，或是出现全身皮肤潮红、搔痒、荨麻疹、紫癜、怕冷、发热等反应。如有上述症状时要及时进行药物脱敏治疗，方法是服用扑尔敏（4毫克）和强的松（5毫克）各1片，若服用4小时后还没有好转，可继续按以上方法服用，直至症状消失。若3～4次后仍不见效，应到医院作进一步检查和治疗。

鉴于人们对蜂毒疗法反应的差异，在采用蜂毒治疗疾病时，应先进行过敏试验，方法是：用 1 只蜜蜂在病人背部蛰刺，蛰后 20 分钟拔出蛰针，第二天在背部再做 1 次同样试验，每次按常规方法检查尿中有无蛋白质，若无蛋白质，则可进行蜂毒治疗。若蜂毒是针剂，可以进行皮下注射，第一次用 0.25 毫升，第二次用 0.5 毫升，第三次 0.75 毫升，每次注射后必须检查尿中是否有蛋白质。

6.2　蜂毒的禁忌症

蜂毒治疗的病种非常多，并且疗效也非常显著，但也不是万能药。在临床中，对于那些患有肝炎、肾炎、性病、糖尿病以及有出血倾向的疾病等应禁止使用蜂毒。同样对老年人、儿童要慎用。

6.3　蜂毒使用的剂量

由于蜂毒治疗各种疾病的机制还没有完全弄清，所以目前还没有一种科学的方法来鉴定蜂毒的效价。现在普遍都是将 1 只工蜂的排毒量（约 0.2～0.4 毫升）作为一个治疗单位，治疗使用的剂量大小，主要根据病人的耐受程度和病情的变化而定，一般每次使用 1～4 个治疗单位。每次用 1～5 只蜂。捉到蜜蜂后，轻捏头部，然后迅速放于患处，将蜂尾贴于皮肤，使之蛰刺，如立即感到疼痛，说明此时蜂毒随蛰针注入皮肤内，约 1 分钟，将蜂拿开，拔出蛰刺。此时蛰处呈现出一小肿包，约指甲大小，20分钟后，局部红肿、发热，有舒适感。一般 24 小时后作用消除，患处恢复常态。第二日或隔日再行刺蛰。

功能主治：祛风湿，止疼痛。用于风湿性关节炎，腰膝酸痛，坐骨神经痛。

第六节　雄蜂蛹和蜜蜂幼虫与人类健康

李时珍的《本草纲目》中有关于蜂蛹的记载：蜂子（蜂蛹）"甘，平，微寒，无毒"……"补虚赢，伤中，久服令人光泽，好颜色，不老，轻身益气"等。归纳成一句：就是蜂蛹具有抗衰老作用。

1. 蜜蜂幼虫的来源

蜜蜂幼虫包括蜂王幼虫、雄蜂幼虫、工蜂幼虫等，幼虫的采集，除了根据商品要求来选择不同的日龄外，通常采收最佳日龄的幼虫。

蜂王幼虫作为蜂王浆的副产品，它的最佳采收期是王台中蜂王浆积存最多的时刻，但幼虫的采收要兼顾蜂王浆产量的提高，故蜂王幼虫不能太大，一般采收 48～72 小时的蜂王幼虫。从营养学的角度来看，雄蜂幼虫最佳采收期为 10 日龄，其体重及成分见表1。

表1　雄蜂幼虫不同日龄平均体重及成分表

日龄	平均单个幼虫体重/毫克	水分含量（%）	干物质占鲜重（%）	粗蛋白占干物质（%）	粗脂肪占干物质（%）	糖占干物质（%）
8	158.5	80.54	19.46	41.59	15.96	—
9	260.57	75.65	24.35	39.32	22.99	13.82
10	394.5	72.92	27.08	41.00	26.05	14.84
12	317.28	73.58	26.42			
14	315.18	75.65	24.35			
15	296.35	76.36	23.64	41.50	26.14	10.94
16	293.02	77.38	22.62			
17	291.65	77.68	23.32			11.16
18	285.45	78.43	21.65	48.18	24.24	—
19	175.07	78.49	21.51	—	—	—
20	274.2	79.66	20.85	53.58	21.54	6.68
21	269.02	80.16	19.84	—	—	—
22	258.28	80.02	19.08	63.10	15.74	3.86

从表 1 中可见，随着日龄的增加，蛹的体重及大部分成分逐渐减少，只有氨基酸成分增加。可根据加工的产品种类不同，采收不同日龄的雄蜂，如果作冷冻食品或罐头，则采收十几日龄的比较嫩，一般采收 22 日以内的蜂蛹，如果超过 22 日龄，雄蜂几丁质硬化，不便食用。

2. 雄蜂蛹的来源

雄蜂蛹是指蜜蜂雄性幼虫封盖后到羽化出房前这一变态时期的营养体。正常情况下，雄蜂是在蜜蜂进入繁殖季节才出现的。由于蜂王能根据巢房大小控制产卵类型，用人工的办法，生产出比工蜂房眼大的巢础加进蜂群里，工蜂就会把它做成整张都是雄蜂巢房的雄蜂脾。蜂王在上面产下的都是未受精卵，以后全部发育成为雄蜂。当蛹发育到第 12 天时，即可采收。其氨基酸含量见表 2。

表 2　不同日龄雄蜂蛹的氨基酸含量

单位：克/100 克

氨基酸	日　龄			
	13	15	20	22
天冬氨酸	3.165	3.318	3.064	4.506
苏氨酸	1.362	1.414	7.508	2.527
丝氨酸	1.459	1.502	1.711	2.541
脯氨酸	2.243	2.081	2.376	3.797
谷氨酸	5.231	5.209	4.268	6.488
胱氨酸	0.109	0.157	0.204	0.459
甘氨酸	1.637	1.52	1.837	3.044
结氨酸	1.477	1.704	1.948	2.788
蛋氨酸	0.032	0.181	0.109	0.895

（续）

氨基酸	日　　龄			
	13	15	20	22
异亮氨酸	1.191	1.436	1.542	2.402
亮氨酸	2.22	2.412	2.246	3.981
酪氨酸	1.635	2.025	2.143	2.994
赖氨酸	2.561	1.187	2.222	1.851
组氨酸	1.046	1.206	2.647	1.799
精氨酸	1.17	1.545	1.773	2.694
苯丙氨酸	0.735	1.847	0.673	2.246

3. 雄蜂蛹和蜜蜂幼虫的营养成分

3.1　雄蜂幼虫的营养成分

　　雄蜂幼虫与蜂王幼虫不同，它只有在 1～3 日龄享有纯蜂王浆为饲料，3 日龄后的饲料为蜂粮（蜂蜜、花粉或两者与豆粉饲料配合饲喂），加上各阶段的生长变化，故不同日龄的雄蜂幼虫有不同的营养成分。实验证明：10 日龄的幼虫不仅虫体最重，而且各营养素的含量也达到最高值，所以应选用 10 日龄的雄蜂幼虫作为产品。

　　10 日龄的雄蜂幼虫平均含水量为 73％，干物质 27％，其中干物质中蛋白质约占 41％，脂类约占 26.05％，碳水化合物约占 14.84％，此外还含有多种矿物质、维生素、酶类、激素及其他活性物质。氨基酸含量与蜂王幼虫相似，不仅含有 18 种氨基酸及 8 种人体必需氨基酸，而且天冬氨酸与谷氨酸的含量也较高。

　　雄蜂幼虫还含有多种矿物质元素，其含量分别为（干品）：

钾 1.32%，钠 625 毫克/千克，钙 775 毫克/千克，铁 65 毫克/千克，锌 73.4 毫克/千克，铜 17.5 毫克/千克，镁 775 毫克/千克，磷 610 毫克/千克，锰 50 毫克/千克。维生素已测出的有（100 克干品）：维生素 B_2 2.74 毫克，维生素 C 3.72 毫克，维生素 A 1 050 IU（1 IU＝0.300 微克），维生素 D 1 760 IU，维生素 E 10.40 毫克。

人们将 10 日龄雄蜂幼虫的营养成分与几种高蛋白食品（牛肉、鸡蛋、干酪、花粉）的成分进行了比较，可发现雄蜂幼虫与蜂王幼虫相似，氨基酸的含量（包括人体必需氨基酸）比其他几种食品都高。可见，蜂王幼虫及雄蜂幼虫都是高蛋白、低脂肪的纯天然营养食品。

3.2　蜜蜂幼虫的营养成分

幼虫含有丰富的营养素，不同类型的幼虫其成分不同，即使是同一类型的幼虫，也可能由于采收的日龄不同、季节或地区不同，其成分与通常情况不一致。必须说明的是：到目前为止，人们对幼虫的营养成分尚未完全探明，尤其是一些活性分子蛋白。下面就现有的资料对蜂王幼虫及雄蜂幼虫的成分进行一些简要的介绍。

蜂王幼虫以纯蜂王浆为食，故其成分与蜂王浆接近，但蛋白质氨基酸含量比蜂王浆高。蜂王幼虫平均含水量约为 77%，蛋白质约为 15.4%，脂类约为 3.17%，糖约为 0.41%，灰分约为 3.02%，此外还含有维生素、多种酶类、激素及其他活性物质。

江西省商业科研所沈平锐曾对蜂王幼虫的营养价值做了进一步分析检测（见表 3），结果表明蜂王幼虫不仅蛋白质含量高（占干物质的 50% 以上），而且 18 种氨基酸齐全，并富含 8 种人体必需氨基酸，而且含量高于其他几种高蛋白食品，见表 4，尤其是天冬氨酸及谷氨酸的含量较高，这两种氨基酸对人体具有很好的健脑作用。

表3 蜂王幼虫的氨基酸含量

单位：毫克/克

氨基酸	含量	氨基酸	含量
天冬氨酸	57.10	缬氨酸	38.50
谷氨酸	68.25	亮氨酸	41.45
异亮氨酸	26.00	组氨酸	14.35
苯丙氨酸	27.00	丝氨酸	25.50
精氨酸	26.65	甘氨酸	23.15
色氨酸	30.20	蛋氨酸	12.00
苏氨酸	23.55	酪氨酸	26.85
脯氨酸	28.65	赖氨酸	21.65
丙氨酸	26.00	胱氨酸	3.15

表4 蜂王幼虫与几种食品中必需氨基酸含量的比较

单位：毫克/克

氨基酸	食　物				
	蜂王幼虫	蜂花粉	牛肉	牛乳	鸡蛋
缬氨酸	38.50	14.49	9.00	2.20	9.00
亮氨酸	41.45	17.70	12.80	3.10	11.70
异亮氨酸	27.00	14.14	9.30	1.50	8.50
苏氨酸	23.55	51.60	8.10	1.40	6.70
苯丙氨酸	26.55	11.48	6.60	1.50	6.90
蛋氨酸	12.60	4.47	4.20	0.90	3.90
赖氨酸	21.65	16.37	14.50	2.40	9.30
色氨酸	5.75	13.00	2.10	0.40	2.00
总量	197.15	94.09	66.70	13.40	58.00

从表5可以看出，蜂王幼虫含有丰富的维生素。

表5　蜂王幼虫维生素含量

单位：毫克/克　干重

维生素	含量	维生素	含量
维生素 A	＜0.000 83	维生素 B_1	0.025
维生素 B_2	0.034	维生素 C	0.188
维生素 E	＜0.002 0		

美国 Hawk 也将蜂王幼虫与几种日常蛋白食物（牛肉、牛奶、鸡蛋、鱼肝油）进行了营养成分比较，结果表明：蜂王幼虫的蛋白质含量略低于牛肉，大大高于牛奶，与鸡蛋的蛋白质含量接近；脂肪含量与牛奶、牛肉接近而大大低于鸡蛋；维生素 A 的含量仅次于鱼肝油，而远远超出牛肉、牛奶中的含量；维生素 D 的含量则比鱼肝油中的高。但是美国 Dandant 对 Hawk 报道的维生素 A、维生素 D 含量有不同的看法，他认为蜜蜂本身不需要那么多的维生素 A，由此他表示对如此高的维生素 A 含量有异议，这有待于进一步研究。

4. 雄蜂蛹和蜜蜂幼虫的药理作用

不同种类的蜜蜂幼虫，具有不同的药理作用，临床证明，蜂王幼虫能调节中枢神经系统，既能振奋精神，增加食欲，增加体力，又能益智安神，改善睡眠。现在中国已生产的蜂王胎片、蜂王幼虫冻干粉、蜂王宝等蜂王幼虫制品，对白血球减少症、神经衰弱、风湿性月经失调、营养性水肿、肝脏病及溃疡病等都有较好疗效。雄蜂幼虫不仅可供食用，而且可用于治疗神经官能症和儿童智力发育障碍。

4.1　抗氧化作用

蜂王幼虫有一定的抗氧化作用，其抗氧化作用的成分有：多糖、维生素 A、维生素 C、维生素 E、维生素 B_2、超氧化物歧化酶（SOD）硒、锌、铜、锰等。研究表明，蜂王幼虫体壁具有很好的抗氧化能力，主要是因为它们体壁中含有几丁多糖的缘故。近年来，国内外对几丁糖抗氧化的研究证实，它们可以显著提高机体内 SOD 活力及过氧化氢酶的活力，有效降低小鼠血清和肝脏中脂质过氧化物质（LPO）含量，降低小鼠脑组织和心肌中脂褐素（LE）含量，从而表明其抗氧化能力。

4.2 抗肿瘤作用

国外早有报道，蜂王幼虫有抑制肿瘤的作用，并指出蜂王幼虫含有抗癌的特殊的混合激素，是蜂王浆所不及的，意大利等国学者曾报道，口服或注射蜂王幼虫浆，能使艾氏腹水癌小鼠寿命延长，科学家波弟尔（Burdeel）等也有报道，蜕皮激素的粗制品能抑制培养中哺乳动物肿瘤细胞生长。我国学者丁恬等对蜂王胎进行的实验研究表明，蜂王胎对实验动物的 S180 肿瘤的抑制率为 29.7%，对腹水瘤 HEPA 的生命延长率为 83.33%，还证明蜂王胎能抑制人体癌细胞的生长。姚慈幼报道了蜂王幼虫浆抑制腹水瘤的动物实验，结果表明：试验组和对照组同时注射水瘤液，两组同时出现明显的腹水症状，从发病之日起试验组开始注射幼虫浆，每天 1 次，结果试验组比对照组平均寿命延长 6.6 天，腹水量较对照组少 14～16 倍。经过对腹水病理检查，试验组癌细胞发育受到抑制，发现有明显退行性变化。

蜂王幼虫体壁中含有丰富的几丁多糖，也成为人们研究抗肿瘤的热点。几丁多糖有直接抑制肿瘤的作用，在有 1×10 个癌细胞的溶液中，加入 0.5 毫克/毫升的水溶性几丁多糖，24 小时后癌细胞全部死亡。用两组小鼠进行活体实验，一组每天给小鼠口服几丁多糖 50 毫克/千克，几天后腹腔移植 1×10 个癌细胞，一组为对照组，只接种癌细胞，不饲喂几丁多糖，饲喂观察 60 天。结果：实验组小鼠成活率为 67%。对照组则全部死亡。证明几丁多糖产生了明显的抗肿瘤作用。

4.3　免疫调节作用

蜂王幼虫是营养成分齐全的天然产品，在补充营养、调节免疫上都有重要的作用。如蜂王幼虫所含几丁多糖是一种很好的免疫促进剂，具有促进体液免疫和细胞免疫的功能。经小鼠实验证明，经小鼠注射1％的几丁多糖，3天内可形成抗羊红血细胞的重要抗体。蜂王幼虫所含丰富的维生素C可以提高机体的免疫功能，最主要的是增加T淋巴细胞的数量与活力。蜂王幼虫所含人体所需的各种氨基酸，对免疫调节也有重要意义，特别是含有提高人体免疫能力的重要游离氨基酸—牛磺酸对调节人体生理机能、激发细胞活力、促进新陈代谢、提高机体免疫能力有显著功效。蜂王幼虫中所含硒、铁、锰等微量元素也有调节免疫功能的作用。

4.4　抗疲劳作用

实验研究表明，蜂王幼虫有抗疲劳作用。浙江农业大学蜂业研究所胡福良、浙江中医学院实验动物中心陈民利等（1997）将蜂王幼虫磨成匀浆，用蒸馏水配制成100毫克/毫升的浓度，灌胃小鼠连续7天，剂量为每天0.4毫升/只，于灌胃末日的次日进行负重（占小鼠体重5％）游泳试验。结果，蜂王幼虫组小鼠在常温（29 ± 1 ℃）游泳时间为82.10 ± 21.56分钟，而对照组为57.73 ± 14.12分钟；在低温（19 ± 1 ℃）时蜂王幼虫组小鼠游泳时间为15.41 ± 3.25分钟，而对照组为10.15 ± 3.37分钟；在高温（39 ± 1 ℃）时蜂王幼虫组小鼠游泳时间为33.83 ± 5.21分钟，而对照组为24.98 ± 7.14分钟。蜂王幼虫液灌胃的试验组无论常温、低温还是高温条件下，其游泳时间均显著高于对照组（$P<0.05$），说明蜂王幼虫能明显提高小鼠的抗应激能力，表明出明显的抗疲劳作用。

广东省卫生防疫站等单位在进行蜂王胎的抗疲劳试验中，给予小鼠口服 0.017 克/千克、0.175 克/千克和 0.35 克/千克不同剂量的蜂王胎胶囊 4 周，在一定的条件下进行负重游泳试验，并在游泳运动后测血清尿素氮、肝糖原、血中乳酸。结果蜂王胎胶囊能明显地延长小鼠游泳时间，并降低运动后血尿素氮的含量，减少肝糖原的消耗量。这充分说明蜂王胎胶囊具有较好的抗疲劳作用，剂量愈高，作用愈强。

4.5 对循环系统的作用

蜂王幼虫能改善心血管的功能，具有增强心脏收缩力、平衡血压、改善微循环、促进组织代谢、增加白细胞的作用。适用于气短心悸、气血不通、面色萎黄、脸色苍白、四肢无力的医疗保健。

4.6 促进生长的作用

蜂王幼虫是一种营养十分丰富的天然产品，因而有促进生长的作用。江西省商业科学研究所沈平锐（1990）研究了蜂王胎对幼龄大白鼠生长的影响，实验用健康断奶的 Wistar 大白鼠 45 只，随机均分为 3 组，以配合饲料分笼喂养，实验 1 组在饲料中添加蜂王胎 1.2 克/千克，实验 2 组添加 1.8 克/千克，以后每周称重 1 次，比较各组鼠体重的变化。饲喂 28 天的实验结果：实验 3 组体重 175.02±7.57 克，实验 2 组体重 200.43±14.29 克，对照组（不添加蜂王胎）体重 167.05±7.29 克，实验组与对照组比较，有显著性差异（P＜0.05）说明实验组的大白鼠体重增长速度明显高于对照组，从而显示了蜂王胎具有明显的促进大白鼠生长的作用。

4.7 对内分泌系统的作用

蜂王幼虫对内分泌系统有调节作用，能调整月经，改善更年期不适，增强男女性欲。对男性精子数少、活动力差、液化时间延长病人有明显改善作用。对于经期不准、量多量少、更年期综合征、阳痿、早泄、女性排卵障碍、不孕不育等有辅助疗效。

4.8　对消化系统的作用

蜂王幼虫对消化系统有很好的调节作用，能增加食欲，帮助消化，通利大便，对于嗳酸腹胀、胃纳差、便秘有很好的改善作用，对慢性浅表性胃炎有辅助治疗功效。还有护肝作用，能改善肝脏功能，恢复受损害的肝细胞。

此外，蜂王幼虫能调节神经系统功能，具有安神镇静、振奋精神、改善睡眠、增强记忆能力的作用。适用于神疲健忘、失眠多梦、精神恍惚、心烦意乱等的医疗保健。

5. 雄蜂蛹和蜜蜂幼虫的应用

5.1　应用于保健品

幼虫丰富的营养成分使其具有广泛的保健作用。据国内外报道，幼虫不仅能使体质弱的病人增进食欲，改善睡眠，增强体质，而且还能调节人体的中枢神经系统、内分泌新陈代谢等。

据国外文献报道，幼虫的一些高活性物质能使受肿瘤等疾病破坏的细胞结构正常化；蜕皮激素的粗制品能抑制癌细胞的生长；意大利学者给患有支氏腹水癌小鼠口服或注射蜂王幼虫浆，结果能使腹水出现较缓，癌细胞出现退行性改变。

幼虫保健品国外已有很多种剂型，如片剂、粉剂及胶囊等。我国也出现了"蜂王胎""孕宝"这类的产品，但不够丰富，有待进一步开发利用。

蛹干粉的应用广泛，既可与面粉混合做成各种保健饼干、糕点等高级营养保健品，还可以配以辅料做成胶囊、片剂，作为保健品及药品，以辅助治疗肝炎、类风湿性关节炎、神经衰弱、营养不良、体虚、乏力等各种疾病，提高人体免疫力，增强人体健康。蜂蛹的谷氨酸及天冬氨酸的含量较高，有益于健脑。

5.2 应用于食品

由于幼虫具有丰富的营养素及活性物质，所以它们在国际上被公认为是一种高级纯天然营养食品。鲜幼虫可直接烹饪（油炸、椒盐炒、做汤、做粥等）。即可将生产出的幼虫挑选后，装入无菌食品袋（最好是真空包装），作为冷冻食品原料，进入市场，供人们食用。也可参照食品加工法加工成罐头，作为旅行高蛋白营养食品等。幼虫干粉则可与面粉、豆粉等配合制作成高营养价值的饼干、面包、甜点等。

在欧洲、美国、日本，个体完整的雄蜂蛹已同其他昆虫一样进入冷冻食品超市，作为营养精品上了餐桌，如蜂子罐头、蜂蛹饼干、蜂蛹糕点、蜂蛹甜点、油炸蜂蛹等。近年来，国内企业也开发利用雄蜂蛹产品，主要以硬胶囊为主，消费人群多以男性人群为主。

5.3 应用于食品添加剂

幼虫干粉可开发成鲜味高蛋白食品添加剂及各类食品调味品。

5.4 应用于饲料

蛹干粉作为饲料添加剂与饲料一起配置成特种动物饲料，喂养珍稀动物，增加其体重及产量，国内外皆有学者将蛹干粉与其他饲料配合喂鸡的实验，能促进肉鸡的生长，增加肉鸡和鸡蛋产量。

6. 雄蜂蛹和蜜蜂幼虫的保存

蜜蜂幼虫营养丰富，极易受微生物污染，易变质。幼虫离开蜂群，置常温 2～4 小时就会产生褐变、变质腐败，故幼虫的及时贮存、保鲜是加工、生产产品质量的关键。

6.1 冷冻保存法

冷冻是当前最普遍、最简便、最佳的方法。即将采集来的幼虫挑去破损的，装入无毒、已消毒的塑料袋或塑料瓶内，排出空气（抽真空最佳），密封，每袋（瓶）以装入 1～2 千克。立即放入 -18 ℃（或以下）的冷库或冰柜中冷冻贮存，将会基本保持幼虫的鲜度，保质期 2 年。用此法保存的幼虫，适合任何形式的产品加工。

6.2 干粉贮存法

将幼虫冷冻加工成干粉。在室温下，干粉保质期为半年；若冷藏（5 ℃），保质期 2 年；冷冻（-18 ℃以下），保质期可达5 年。

6.3 酒精、白酒贮存法

这是一种简便的暂存方法。即将取出的幼虫用 50～60 度白酒或 75％的食用酒精浸泡，可暂存 48 小时，也可长存，保质期长达 2 年。但长存的幼虫只适合加工成幼虫酒类，若要加工成干粉或其他产品此法只能暂存，即浸泡时间不得超过 48 小时，否则虫体液流失过多，营养价值降低。暂存的白酒及酒精可循环使用 2～3 次，但每次必须保证其浓度达到上述要求，即白酒 50～60 度，酒精为 75％。

6.4 其他暂存法

① 柠檬酸-VC 混合液贮存。用 0.5％柠檬酸及 0.1％VC 的混合液贮存幼虫，室温下可保存 2～3 天。

② 二氧化碳气体贮存法。在幼虫容器中充入二氧化碳（CO_2）：或将石灰与稀盐酸反应产生的 CO_2 用一根导管与贮存幼虫的容器联结，使产生的 CO_2 充满幼虫容器空间，置于阴凉处，暂存时间为 3～5 天。

7. 雄蜂蛹和蜜蜂幼虫的食用

① 蜂王幼虫酒，将新鲜幼虫或者冷冻幼虫解冻，直接浸泡于高度粮食酒内，摇匀即可饮用，一般按 1 比 5 配好，泡 2～3 次后，剩余虫体扔掉。

② 蜂王幼虫酒及虫体菜肴，将新鲜蜂王幼虫或者冷冻幼虫解冻，与酒混合摇匀，用滤布过滤，下面的即为王浆幼虫酒，滤出来的虫体，与鸡蛋、淀粉加调料调好，油炸出金黄色，捞起，再配喜欢的配菜一起炒，即得到一盘高级营养的美味佳肴。

③ 做菜，将新鲜蜂王幼虫或者冷冻幼虫解冻，解冻后约有 1/4 水份，不要浪费哦，含有很多营养成分，可以用这个蒸鸡蛋，剩余的虫体按上面（2）的方法一样。

参考文献

WHO. What is the WHO definition of health? Available at http：// www. Who. int/suggestions/faq/en/，Accessed on January 15，2007.

WHO. Ottawa Charter for Health Promotion，First International Conference on Health Promotion，Ottawa，21，November，1986，WHO/HPR/HEP/ 95. 1，Available at http：//www. who. int/hpr/nph/docs/ottawa_charter_ hp. pdf，Accessed on January 15，2007.

恩格斯，列宁，斯大林. 马克思恩格斯选集 [M]. 中共中央翻译局，译. 第四卷. 北京：人民出版社，1995.

罗宾斯. 管理学 [M]. 第 7 版. 北京：中国人民大学出版社. 2004.

费里蒙特. E. 卡斯特等. 组织与管理 [M]. 北京：中国社会科学出版社. 1985.

徐国华，赵平. 管理学 [M]. 北京：清华大学出版社. 1994.

韩启德. 在第二届中国健康产业论坛上的讲话 [N]. 中华医学信息导报. 2005（20）：16.

American College of Occupational and Environmental Medicine. Consensus opinion statement. Available at http://www. acoem. org. Accessed on Dec. 16，2005.

陈君石，黄建始. 健康管理概论 [M]. 北京：中国协和医科大学出版社. 2007.

项坤三，纪立农，向红丁，杨文英，贾伟平，钱荣立，翁建平. 中华医学会糖尿病学分会关于代谢综合征的建议 [J]. 中国糖尿病杂志. 2004（3）：156 - 161.

陈君石. 个人健康管理在健康保险中的应用—进展与趋势 [D]. 健康管理与健康保险高层论坛论文集. 2003.

WHO. 2002 年世界卫生大会报告 [R]. 2002.

卫生部, 科技部, 国家统计局. 中国居民营养与健康现状 [R]. 2004.

第五十七届世界卫生大会. 饮食、身体活动与健康全球战略 [R]. 2004, 22.

卫生部疾病控制司. 慢性非传染性疾病预防医学诊疗规范 [S]. 2002.

徐州市彭城医院. 慢性生活方式疾病"知己"健康促进诊疗管理的效果观察 [R]. 2004.

郭芳彬. 蜂王浆与肝脏病 [J]. 养蜂科技, 2002, 27 (5): 27 - 31.

陆莉, 林志彬. 蜂王浆的药理作用及相关活性成分的研究进展 [J]. 中国医药导报, 2004, 12: 12 - 13.

苏晔, 敬璞, 丁晓雯. 蜂王浆的化学成分生理活性及应用 [J]. 蜜蜂杂志, 2000 (9): 23 - 24.

闵丽娥, 李佳. 蜂王浆中超氧化物歧化酶分离纯化及部分性质研究 [D]. 四川大学, 2004, 5: 23 - 25.

Nagaia T, Inoue R. Preparation and the functional properties of water extract and alkaline extract of royal jelly [J]. Food Chemistry, 2004, 100 (84): 181 - 186.

倪辉, 吉挺, 杨远帆. 蜂王浆抗菌作用的初步研究 [J]. 蜜蜂杂志, 2003, (2): 9 - 10.

Eshraghi S, Seifollahi F. Antibacterial effects of royal jelly on different strains of Bacterial [J]. Iranian J Publ Health, 2003, 32: 25 - 30.

孙亮先, 陈朝阳, 张昌松. 蜂王浆抗菌作用的研究 [J]. 蜜蜂杂志, 2008, 28 (2): 3 - 4.

许雅香, 刘艳荷. 蜂王浆生理药理作用研究现状 [J]. 生物学教学, 2000, 9 (7): 8 - 10.

霍伟. 蜂王浆的药理作用 [J]. 中国养蜂, 2005 (2): 30.

宋卫中, 宋晓勇. 蜂王浆的研究和应用综述 [J]. 中华实用中西医杂志, 2005, 8 (6): 917 - 919.

宋国安. 天然防病物质——蜂胶 [J], 食品与药品, 2005, 7 (3).

王忠壮, 胡晋红. 人类健康的紫色黄金——蜂胶 [J]. 大众医学, 2006 (2): 38.

何晓波，周俐斐．蜂胶的药理活性［J］．中国药业，2006，(1)：27-28.

栾金水．蜂胶的药理作用研究［J］．中药材，2000，23 (6)：346-348.

韩连堂，王志萍．蜂胶对环磷酰胺等4种诱发剂诱发突变的抑制作用［J］．中国公共卫生，2001，17 (5)：406-407.

李雅晶，胡福良．蜂胶的抗高血糖作用及机制［J］．食品与药品，2007，9 (7)：73-75.

董捷，张红城，尹策，李春阳．蜂胶研究的最新进展［J］．食品科学，2007，28 (9)：637-642.

张翠平，胡福良，ZHANG Cuiping，HU Fuliang. 2008～2009年国内外蜂胶研究概况［J］．中国蜂业，2010，61 (4)．

王欣，王强．杨属植物化学成分和药理作用的研究进展［j］．天然产物研究和开发，1999，11 (1)：65-70.

王亚群，任永新．蜂胶产品的开发［j］．中国食物与营养，2007 (3)：103-109.

焦凌梅，袁唯．蜂胶在食品工业中应用的研究［j］．食品科技．2004 (12)：24-27.

菲鱼．天然抗生素蜂胶［j］．中国保健营养，2008 (12)：167-168.

许具晔．蜂花粉对人体的保健作用［J］．农产品加工，2004 (10)：24-25.

苏寿祁．蜂花粉的化学组成［J］．中国养蜂，2005，56 (9)：42-43.

任育红，刘玉鹏．蜂花粉的功能因子［J］．食品研究与开发，2001，22 (4)：44-46.

李建萍，张小燕．蜂花粉的营养价值及其花粉饮料的开发［J］．食品研究与开发，2003，(1)：65-66.

吴时敏．功能性油脂［M］．北京：中国轻工业出版社，2001.

王开发．花粉营养成分与花粉资源利用［M］．上海：复旦大学出版社，1993.

曾志将，邹阳，杨明．蜜蜂花粉多糖研究进展［J］．养蜂科技，2005，(2)：3-5.

郭芳彬．论蜂花粉中膳食纤维的营养保健作用［J］．养蜂科技，2002，(2)：31-33.

杨晓萍，罗祖友，吴谋成．油菜花粉多糖的制备及其对荷瘤小鼠的影响［J］．食品科学，2005，26 (12)：202-204.

蜂花粉功能因子提取与开发课题组．蜂花粉多糖对动物急性毒性试验与降血脂效果的研究［J］．蜜蜂杂志，2005，(10)：3-4．

汪礼国，陆水明，刘三凤，等．蜂花粉多糖对肉鸡生产性能及免疫性能的影响［J］．江西农业大学学报，2005，27 (3)：450-453．

曾志将，谢国秀，樊兆斌．蜜蜂花粉中矿物质元素形态研究［J］．蜜蜂杂志，2004，(8)：3-4．

曾志将，王开发，颜伟玉．蜜蜂花粉中 Fe，Zn，Cu，Mn 元素初级形态分析研究［J］．经济动物学报，2002，(2)：47-50．

曾志将，王开发．花粉中 Fe，Zn，Cu，Mn 元素可溶性糖类结合态及脂肪结合态的研究［J］．蜜蜂杂志，2002，(11)：3-4．

魏永生，郑敏燕．油菜蜂花粉黄酮类物质的提取及抗氧化性研究［J］．西北农业学报，2005，14 (3)：123-126．

魏永生，郑敏燕，王永宁，等．青海油菜蜂花粉黄酮类化合物含量的研究［J］．西北植物学报，2001，21 (2)：301-305．

王开发，耿越．花粉中黄酮类研究［J］．养蜂科技，1997，(3)：8-12．

冯立彬，武生，张晓冬．蜂蜜中糖类成分的分离及含量测定［J］．中医药学报，2004，32 (3)：26-27．

闫玲玲，杨秀芬．蜂蜜的化学组成及其药理作用［J］．特种经济动植物，2005，2：40-42．

朱威，胡富良，许英华，等．蜂蜜的抗菌机理及其抗菌效果的影响因素［J］．天然产物研究与开发，2004，16 (4)：372-373．

谢红霞．蜂蜜的抗菌特性及其在医疗上的应用［J］．海峡药学，2004，16 (4)：145-147．

郭芳彬．蜂蜜的抗菌药理研究［J］．养蜂科技，2002，6：22-25．

安铁生．蜂蜜外用功效不凡［J］．家庭用药，2007，(5)：39-39．

赵国英．蜂蜜能缓解糖尿病性溃疡［J］．蜜蜂杂志，2011，(10)．

黄文诚．蜂蜜医疗作用的科学解释［J］．中国养蜂，2003，54 (3)：46-47．

陈蔚．蜂蜜调金黄散外敷治疗急性痛风性关节炎疗效观察［J］．中华医护杂志，2005，2 (2)：131-131．

耿爱香，韩恩崑，唐万斌，刘海波，胡芳，等．蜂蜜敷料促进浅表脓肿切口愈合的研究［J］．天津医药，2012，(08)：835-836．

吕效吾．蜂蜜治疗创伤的特性［J］．中国养蜂，1997，5：39．

余艳妹．蜂蜜治疗 100 例小儿口腔溃疡的临床观察［J］．中外妇儿健康，2011，19 (7)：72-72．

石萍，覃香蓉．食用南瓜蜂蜜糊预防痔疮术后患者便秘的效果观察［J］．护理学报，2012，19（3）：65-66.

余金牛．蜂蜜在现代临床医学中的应用［J］．中国养蜂，1997，140（3）：13.

田琨，贺建平．通便丸治疗便秘48例［J］．陕西中医，1997，18（5）：194.

刘齐林，廉冬雪，王沛，等．食疗药膳蜂蜜方［J］．中国民间疗法，2011，19（11）：80-81.

凌昌全，黄雪强，刘岭．蜂毒素体外抑瘤作用的实验研究［J］．第二军医大学学报，2001，22（7）：612-614.

Zhu HG，Tayeh I，Israel，et al. Different susceptibility of lung cell lines to inhibitors of tumor promotion and inducers of detterentiation［J］. J Biol Regul Homeost Agents，1991，5（2）：52-58.

Harada M，Kimura G，Nomoto K. Heat shock proteins and the antitumor T cell response［J］. Biotherapy，1998，10（3）：229.

朱萱萱，王居祥，王瑞平，等．蜂毒对S180肉瘤鼠的免疫调节作用［J］．中药药理与临床，2000，16（6）：24-25.

王秋波，鲁迎年，臧云娟，等．蜂毒的免疫调节机制研究［J］．中国免疫学杂志，2000，16（10）：542-544.

高连臣．蜂毒对T淋巴细胞亚群的影响［J］．养蜂科技，2004，（3）：29-30.

Ahn CB，Im CW，Kim CH，et al. Apoptotic cell death by melittin through induction of Bax and activation of caspase proteases in human lung carcinoma cells［J］. J Kor Acup Mox Soc，2004，21（2）：41-55.

孟令玕．蜂毒有效成分的分离纯化［J］．蜜蜂杂志，1999，4：8-9.

刘岭，凌昌全，黄雪强．蜂毒素的纯化方法及体外抗肿瘤作用研究［J］．中国生化药物杂志，2003，24（4）：163-166.

徐彭，欧阳永伟，黄敬耀，等．从蜂毒中分离纯化蜂毒肽的实验研究［J］．中草药，2000，31（12）：892-894.

凌昌全，黄雪强，刘岭，等．蜂毒素缓释制剂瘤内注射减毒增效作用的实验研究［J］．第二军医大学学报，2001，22（7）：615-617.

图书在版编目（CIP）数据

健康源于管理：蜜蜂产品与人类健康/蔡昭龙主编.
—北京：中国农业出版社，2015.9（2018.3 重印）
ISBN 978 - 7 - 109 - 20895 - 7

Ⅰ.①健⋯　Ⅱ.①蔡⋯　Ⅲ.①蜂产品–基本知识
Ⅳ.①S896

中国版本图书馆 CIP 数据核字（2015）第 211823 号

中国农业出版社出版
（北京市朝阳区麦子店街 18 号楼）
（邮政编码 100125）
策划编辑　黄　曦
文字编辑　黄　曦

中国农业出版社印刷厂印刷　　新华书店北京发行所发行
2015 年 11 月第 1 版　　2018 年 3 月北京第 2 次印刷

开本：889mm×1194mm　1/32　印张：5.375
字数：180 千字
定价：30.00 元
（凡本版图书出现印刷、装订错误，请向出版社发行部调换）